智能变电站
与常规变电站运维
差异化分析

李 东 主编

ZHINENG BIANDIANZHAN
YU CHANGGUI BIANDIANZHAN YUNWEI
CHAYIHUA FENXI

中国电力出版社
CHINA ELECTRIC POWER PRESS

内 容 提 要

本书从智能变电站与常规变电站运维角度，系统地对智能变电站与常规变电站的电流互感器、电压互感器、网络、监控系统、同步时钟系统、模拟量采集、保护装置、交直流系统的差异化进行了分析，并阐述了智能变电站设备的运维注意事项。使相关人员在掌握常规变电站运维操作的基础上，对智能变电站形成系统、全面的认识，能快速掌握智能变电站的运维操作，提高智能变电站的运维水平。

图书在版编目（CIP）数据

智能变电站与常规变电站运维差异化分析/李东主编. —北京：中国电力出版社，2019.7（2021.2 重印）

ISBN 978-7-5198-3224-7

Ⅰ. ①智… Ⅱ. ①李… Ⅲ. ①智能系统－变电所－电力系统运行－研究 Ⅳ. ①TM63

中国版本图书馆 CIP 数据核字（2019）第 101633 号

出版发行：中国电力出版社
地　　址：北京市东城区北京站西街 19 号（邮政编码 100005）
网　　址：http://www.cepp.sgcc.com.cn
责任编辑：周秋慧（010-63412627）
责任校对：黄　蓓　朱丽芳
装帧设计：赵丽媛
责任印制：石　雷

印　　刷：河北华商印刷有限公司
版　　次：2019 年 7 月第二版
印　　次：2021 年 2 月北京第二次印刷
开　　本：787 毫米×1092 毫米　16 开本
印　　张：7.25
字　　数：119 千字
印　　数：1501—2500 册
定　　价：36.00 元

编 委 会

前言

智能变电站建设经过2010、2011年的试点建设后，于2012年开始大规模建设，电网进入智能化时代。相当多的变电站运维人员对智能变电站缺乏系统、全面的认识，对智能变电站重要的运维点不清楚，运维难度较大。本书通过比较智能变电站与常规变电站的差异，归纳了智能变电站的重要运维操作点，使相关人员在掌握常规变电站运维操作的基础上，对智能变电站形成系统、全面的认识，能快速掌握智能变电站的运维操作，提高智能变电站的运维水平。

本书共十章，分别阐述了电子式互感器与常规互感器运维差异化分析、变电站网络运维差异化分析、监控系统运维差异化分析、同步时钟系统运维差异化分析、模拟量采集运维差异化分析、智能变电站与常规变电站保护差异化分析、站用交直流电源运维差异化分析、智能变电站顺序控制操作、智能变电站与常规变电站辅助设施差异化分析、智能变电站新技术应用。由于电子式互感器在智能变电站中应用的比例很低，仅在第一章介绍电子式互感器，在其他章节中，仍针对配置常规互感器的智能变电站来进行阐述。在阐述中，较少涉及原理性内容，以贴近实际为主，以提高运维人员认知为主，能够使运维人员很快掌握。

由于编者水平有限，书中难免存在疏漏之处，恳请读者批评指正。

编　者

2019年4月

目录

第一章

电子式互感器与常规互感器运维差异化分析

电子式互感器具有常规互感器不具备的一些优势，如高、低压完全隔离，绝缘简单，安全性高；磁饱和、铁磁谐振等问题基本不存在；电子式电流互感器二次输出开路及电子式电压互感器二次输出短路的危害影响不大；数字信号分享更为容易，带负载能力强；方便实现电压电流组合式配置。同样，电子式互感器也存在一些不足，如对电磁屏蔽要求更高，易受环境影响；调试相对复杂；电子式电流互感器在小负荷运行时采样精度误差较大等。本章针对独立的电子式电流互感器、电子式电压互感器进行差异化分析，其差异也涵盖了电子式电压电流互感器，故未对电子式电压电流互感器进行单独分析。

第一节　电子式电流互感器与常规电流互感器运维差异化分析

一、工作原理的差异化分析

电子式电流互感器与常规电流互感器工作原理有很大的差异。电子式电流互感器的工作原理多样，有多种实现方式。具体见表 1-1。

二、设备参数的差异化分析

电子式电流互感器与常规电流互感器设备参数的差异具体体现在一次绝缘结构

和二次输出上。电子式电流互感器一次绝缘结构相对简单，体积和质量较小；二次输出为数字信号，具有相对宽的电流短路响应范围。下面以 110kV 电压等级的电子式电流互感器与常规电流互感器来举例进行阐述。

表 1-1　　电子式电流互感器与常规电流互感器工作原理的差异化分析

电流互感器的类型	来源	分类	实现原理
常规电流互感器	有源型	无	电磁感应原理
电子式电流互感器	无源型	无	Faraday 磁光效应原理
	有源型	罗氏线圈（rogowski）	电磁耦合原理
		低功率电流互感器（LPCT）	与常规电流互感器的原理相同，电磁感应原理工作

（一）型号的差异

某 110kV 电子式电流互感器与某 110kV 常规电流互感器的参数比较见表 1-2。

表 1-2　　某 110kV 电子式电流互感器与某 110kV 常规电流互感器的参数比较

类型	110kV 电子式电流互感器		110kV 常规电流互感器	
型号	EAC-110-1200		LB6-110	
额定电压	110kV		110kV	
绝缘水平	126/230/550 kV		126/230/550 kV	
额定电流	1200A		2×600A	
二次输出	方式：数字式		方式：模拟式	
	端口：电流测量	端口：电流保护	端子标志：（1～3）S1S2	端子标志：（4～5）S1S2
	额定输出：2D41H（2 倍不溢出）	额定输出：01CFH（50 倍不溢出）	额定输出：50VA	额定输出：40VA
	准确级：0.2S	准确级：5TPE	准确级：5P20	4S1S2 准确级：0.5 5S1S2 准确级：0.2S
额定动稳定电流	100kA		2×100kA	
额定热稳定电流	40kA（3s）		2×40kA（3s）	
质量	95kg		500kg	

表中，EAC-110-1200 的含义：E 表示有源电子式，A 表示 AIS 独立式（包括支柱式），C 表示电流互感器，110 表示额定电压；1200 表示额定电流。LB6-110：L 表示常规电流互感器，B 表示带有保护级，6 表示设计序号，110 表示额定电压。

（二）额定电流及电流互感器变比的差异

电子式电流互感器二次输出的电流值，各厂家不一致。有输出一次电流值的，连接的合并单元不需要进行转换；有输出二次电流值的（基准为 1A 或 5A），连接的合并单元按变比进行转换，其变比是固定的。

常规电流互感器的变比是可以调整的，可以通过改变电流互感器的一次串并联接线方式或者二次绕组的抽头来改变变比。110kV 及以上电压等级的常规户外电流互感器，多通过改变一次串、并联接线方式来调节变比。

某 110kV 常规电流互感器的 4 个出头分别为 P1、C1、P2、C2，其换接方式如图 1-1 所示，其并联接线电流流向如图 1-2 所示，其串联接线电流流向如图 1-3 所示。图 1-2 中电流互感器的流入电流为一次绕组电流的 2 倍，额定电流为 2×600A，变比为 2×600/5（500kV 变电站常用变化 2×600/1）。图 1-3 中电流互感器的流入电流为一次绕组电流，额定电流为 600A，变比为 600/5（500kV 变电站常用变比 2×600/1）；电流互感器的并联接线变比是串联接线变比的 2 倍。

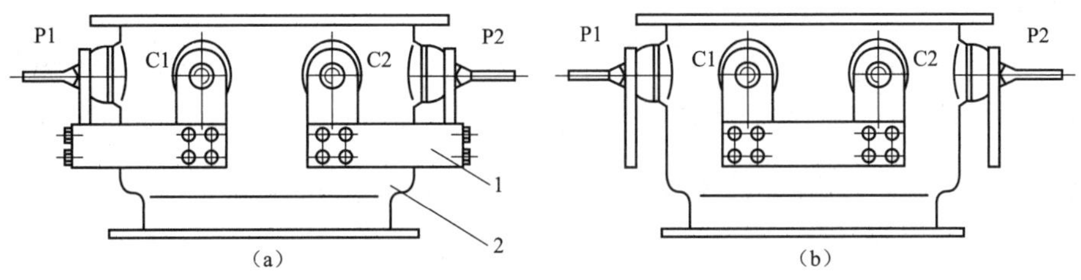

图 1-1　某 110kV 常规电流互感器串、并联换接图

（a）并联；（b）串联

1—串并联导电排；2—储油柜

（三）二次输出的差异

1. 输出方式的差异

电子式电流互感器通过光纤端口输出，110kV 电子式电流互感器端口一般配置两个，一个用于电流测量，一个用于电流保护。一个端口可以对应多个装置，如电

流测量端口对应测控装置、电能表，电流保护端口对应变压器保护、母线保护、线路保护等装置。

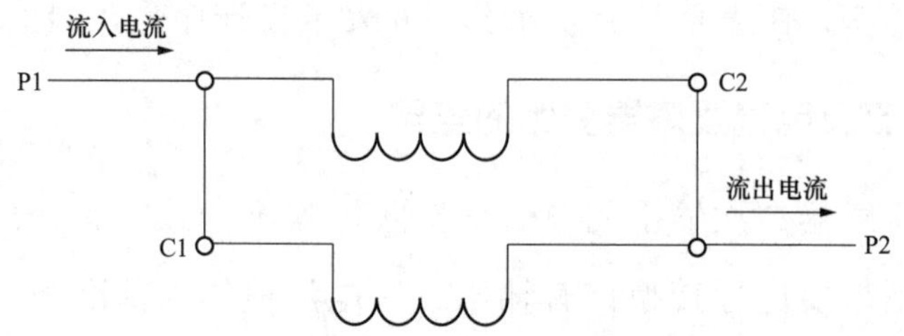

图 1-2　某 110kV 常规电流互感器并联接线电流流向示意图

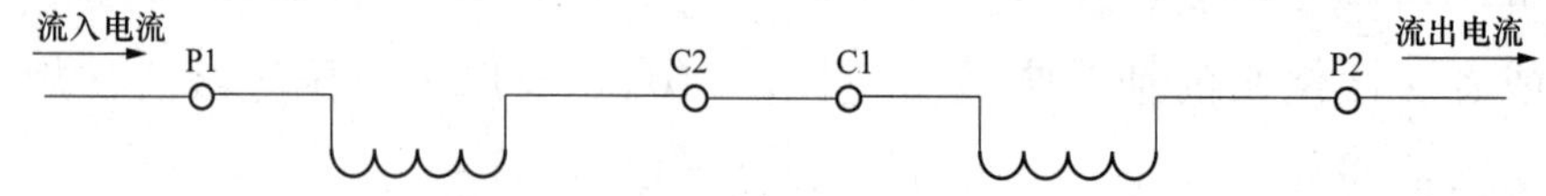

图 1-3　某 110kV 常规电流互感器串联接线电流流向示意图

常规电流互感器通过二次绕组输出，配置 3～7 个，每个二次绕组对应一个保护、测控、计量等装置。

2. 额定输出的差异

电子式电流互感器的溢出电流比常规电流互感器大，不再受常规电流互感器输出容量的限制。

电子式电流互感器的测量采用 2D41H，保护采用 01CFH 或 00E7H，是根据 IEC 61850 标准规定的，测量要求 2 倍额定电流不发生溢出，保护采用 50 倍或 100 倍额定电流不溢出。2D41H 指 2 倍不溢出，01CFH 指 50 倍不溢出。

3. 准确级的差异

电子式电流互感器的准确级略高。

电子式电流互感器用于计量、测量的准确级多为 0.2S；常规电流互感器用于计量的准确级多为 0.2S，用于测量的准确级多为 0.5。

电子式电流互感器用于保护的准确级多为 5TPE，常规电流互感器用于保护的准确级多为 5P20；两者的准确级基本一致，仅在“最大峰值瞬时误差在准确限制条件下（%）”5TPE 较 5P20 表现好。

4. 电流互感器二次侧保护配合的差异

电子式互感器每个二次输出对应一系列保护使用，如线路（母联、变压器）、母

线保护等，不用考虑常规电流互感器二次绕组的死区问题。

常规电流互感器不同的二次绕组对应不同的保护，如线路保护、母线保护选择二次绕组时，需考虑避免保护死区。

5. 电流互感器二次侧双重化配置差异

有源式电子式电流互感器具有两个不同的线圈和两个不同的采集器，用于双重化保护；无源式电子式电流互感器光学器件两路独立输出，采集器双重化配置，用于双重化保护。

常规电流互感器不同的二次绕组用于双重化保护，且兼顾避免保护死区问题。

（四）动稳定电流、热稳定电流的差异

电子式电流互感器与常规电流互感器的差异，主要体现在部分常规电流互感器一次侧采用串并联换接，导致常规电流互感器的额定电流发生变化，对应的动稳定电流和热稳定电流随之发生变化。表 1-2 中，110kV 常规电流互感器的额定动稳定电流为 2×100kA，并联接线下动稳定电流为 200kA，串联接线下动稳定电流为 100kA；热稳定电流与动稳定电流类似。

三、外观和重量的差异

电子式电流互感器比常规电流互感器的外观小、重量轻。

某 110kV 电子式电流互感器与某 110kV 常规电流互感器的外观比较如图 1-4 所示。

（a）　　（b）

图 1-4　某 110kV 电子式电流互感器与某 110kV 常规电流互感器的外观比较

（a）某 110kV 电子式电流互感器；（b）某 110kV 常规电流互感器

第二节 电子式电压互感器与常规电压互感器运维差异化分析

一、实现原理的差异

电子式电压互感器多为有源的电容分压型；通常情况下，对于常规电压互感器，110kV及以上电压等级使用电容分压型电压互感器，10、35kV多使用电磁型电压互感器。具体见表1-3。

表1-3 电子式电压互感器与常规电压互感器工作原理的差异

<table>
<tr><th>电压互感器的类型</th><th>来源</th><th>分类</th><th>实现原理</th></tr>
<tr><td rowspan="2">常规电压互感器</td><td rowspan="2">有源型</td><td>电磁型</td><td>电磁感应原理</td></tr>
<tr><td>电容分压型
（分压为12～25kV）</td><td>电磁感应原理</td></tr>
<tr><td rowspan="5">电子式电压互感器</td><td rowspan="2">无源型</td><td rowspan="2">—</td><td>普克尔斯（Pockels）电光效应原理</td></tr>
<tr><td>逆压电效应</td></tr>
<tr><td rowspan="3">有源型</td><td rowspan="3">分压型（分压为0～5V，经信号处理及光电转换后使用）</td><td>阻容分压</td></tr>
<tr><td>电阻分压</td></tr>
<tr><td>电容分压</td></tr>
</table>

二、设备参数的差异化分析

电子式电压互感器与常规电压互感器设备参数的差异具体体现在一次绝缘结构和二次输出上。电子式电压互感器绝缘相对简单，体积小、重量轻、绝缘性能好；二次输出为数字信号，基本消除了铁磁谐振，抗干扰能力强。下面以110kV电压等级的电子式电压互感器与常规电压互感器为例进行阐述。

（一）型号的差异

某110kV电子式电压互感器与某110kV常规电压互感器的参数比较见表1-4。

表中，EV-110的含义：E表示有源电子式，V表示电压互感器，110表示额定电压。TYD110/3-0.02H：T表示成套装置，YD表示电容器式电压互感器，110/3表示额定相电压，0.02 表示电容分压器额定总电容值（μF），H 表示污秽型产品。

表 1-4　　某 110kV 电子式电压互感器与某 110kV 常规电压互感器的参数比较

<table>
<tr><td>类型</td><td colspan="2">110kV 电子式电压互感器</td><td colspan="2">110kV 常规电压互感器</td></tr>
<tr><td>型号</td><td colspan="2">EV-110</td><td colspan="2">TYD110/3-0.02H</td></tr>
<tr><td>额定电压</td><td colspan="2">110kV</td><td colspan="2">110kV</td></tr>
<tr><td>绝缘水平</td><td colspan="2">126/230/550kV</td><td colspan="2">126/230/550kV</td></tr>
<tr><td>额定一次电压</td><td colspan="2">110/3</td><td colspan="2">110/3</td></tr>
<tr><td rowspan="4">二次输出</td><td colspan="2">方式：数字式</td><td colspan="2">方式：模拟式</td></tr>
<tr><td>端口：电压测量</td><td>端口：电压保护</td><td>端子标志：
1a—1n
2a—2n
3a—3n</td><td>端子标志：
da—dn</td></tr>
<tr><td>额定输出：D41H</td><td>额定输出：2D41H</td><td>二次电压：100/3
额定输出：50VA</td><td>二次电压：100
额定输出：50VA</td></tr>
<tr><td>准确级：0.2</td><td>准确级：3P</td><td>准确级：
1a—1n：0.2
2a—2n：0.5
3a—3n：0.5</td><td>准确级：3P</td></tr>
<tr><td>质量</td><td colspan="2">190kg</td><td colspan="2">500kg</td></tr>
</table>

（二）二次输出的差异

1. 输出方式的差异

电子式电压互感器通过光纤端口输出，110kV 电子式电压互感器端口一般配置两个，一个用于电压测量（计量），一个用于电压保护。一个端口可以对应多个装置，如电压测量端口对应测控装置、电能表，电压保护端口对应变压器保护、母线保护、线路保护等装置；电压保护中无专用的零序电压，保护装置使用的零序电压均是自产零序电压。

常规电压互感器通过二次绕组输出，配置 3～5 个，每个二次绕组对应一个或两个保护、测控、计量等装置，有专门的零序二次绕组。

不论电子式电压互感器还是常规电压互感器，在大电流接地系统（一般是 110kV 及以上电压等级）中，额定零序二次电压为 100V；小电流接地系统（一般为 10、35kV）中，额定零序二次电压为 100/3V。

2. 额定输出的差异

电子式电压互感器的测量、保护均采用 2D41H。2D41H 指 2 倍不溢出。

3. 准确级的差异

电子式电压互感器与常规电压互感器用于保护二次输出的准确级一致；电子式电压互感器用于计量、测量的准确级多为 0.2；常规电流互感器用于计量的准确级多为 0.2，用于测量的准确级多为 0.5。电子式互感器的准确级略高。

4. 电压互感器二次侧双重化配置差异

当电子式电压互感器用于双重化保护时，分压原理电压互感器的分压器两路独立输出，采集器双重化配置；光学原理电压互感器的光学器件两路独立输出，采集器双重化配置。

常规电压互感器不同的二次绕组用于双重化保护。

三、外观和重量的差异

电子式电压互感器比常规电压互感器的尺寸小、重量轻。

某 110kV 电子式电压互感器与某 110kV 常规电压互感器的外观比较如图 1-5 所示。

（a）　　（b）

图 1-5　某 110kV 电子式电压互感器与某 110kV 常规电压互感器的外观比较

（a）某 110kV 电子式电压互感器；（b）某 110kV 常规电压互感器

第三节　电子式互感器运维注意事项

（1）重点检查电子式互感器的末屏（若有）应可靠接地。末屏（若有）可靠接地是电子式互感器阻挡或减少电磁辐射干扰能量传输的重要手段之一，能可靠提高电子式互感器投运后的运行状态。

（2）电子式互感器密封可靠，无渗漏，压力指示正常；充油的电子式互感器无油渗漏，油位正常；充气的电子式互感器气体密度值正常，气体密度表（继电器）无异常。电子式互感器应进行密封性能试验，检查其工作状态正常。

（3）电子互感器依靠光纤传输二次信号，需要确保光纤工作状态良好。

（4）明确传感器、连接光纤、采集单元（采集卡、采集装置）、采集单元光源驱动电路、合并单元异常时对应的报文及影响范围，属于哪类缺陷，应退出哪些保护装置。在异常出现后，能正确快速判断故障点或故障设备。

（5）对电子式互感器进行准确度试验，确保采样同步和采样精度满足有关要求。

（6）由于电子式互感器采集单元及对应的光源驱动电路均随合并单元安装在智能控制柜内，因此，智能控制柜内的温、湿度应达到要求。检查智能控制柜内的空调、加热器运行正常，柜内温、湿度在规定范围，柜内温度为户内柜 5～45℃、户外柜 5～55℃，相对湿度在 90%以下。

（7）有源电子式互感器运行中不得断开其工作电源，防止电子式互感器运行在小负荷时，无法采样。

（8）工作电源故障跳开后，应分析原因，查清楚后再行处理，不能直接送电，防止损坏设备。

第二章

变电站网络运维差异化分析

第一节 变电站网络配置差异化分析

智能变电站配置了智能终端、合并单元和合智一体单元，并以这些单元为中心形成了过程层网络，因而智能变电站的网络架构更加复杂，其与常规变电站网络配置的差异见表 2-1。

表 2-1 智能变电站与常规变电站网络配置的差异

系统结构	智能变电站	常规变电站
组网方式	“三层两网”（站控层、间隔层、过程层，站控层网络、过程层网络）	“两层一网”（站控层、间隔层，站控层网络）
站控层网络	组网方式：双以太网组网（110kV 及以下变电站，一般采用单以太网组网）	组网方式：双以太网组网（110kV 及以下变电站，一般采用单以太网组网）
	规约：IEC 61850	规约：IEC 61870-5-103 等
	不同厂家的设备可以直接接入站控层网络	不同厂家的设备需要使用规约转化器或通信控制器接入站控层网络
过程层网络	规约：IEC 61850	无过程层网络，其功能通过电缆连接实现
	组网方式：GOOSE-SV 共网，或 GOOSE、SV 单独组网。 保护直采直跳	

第二节 智能变电站的网络结构

一、智能变电站网络结构分析

组网方案：采用“三层两网”的结构模式，“三层”分别是站控层、过程层、间隔层，“两网”分别是过程层网络和站控层网络。

站控层包括自动化站级监视控制系统、通信系统、对时系统等。

间隔层设备包括指继电保护装置、系统测控装置、监测功能的装置等二次设备。

过程层包括变压器，断路器，隔离开关，电流、电压互感器等一次设备及其所属的智能组件以及独立的智能电子装置。

本书依据具有典型意义的双重化配置电压等级网络结构、单重化配置电压等级网络结构，分别绘制了某 220kV 智能变电站 220kV 电压等级网络结构图、某 110kV 智能变电站 110kV 电压等级网络结构图，如图 2-1、图 2-2 所示。

从图 2-1、图 2-2 中可以看出，智能变电站的双重化配置基本实现了保护采集、保护装置逻辑运算和执行、保护跳闸的双重化，保护装置、智能终端、合并单元、过程层交换机基本独立。智能变电站的过程层网络稍显复杂，主要在于：保护装置到对应的智能终端有光纤直跳网络、到对应的合并单元有光纤直采网络（或保护装置到对应的合智一体单元有光纤直跳、直采网络）；过程层交换机到对应的智能终端、合并单元有光纤网跳、光纤网采（或过程层交换机到对应的合智一体单元有光纤网跳、网采网络）。

二、智能变电站过程层网络

（一）智能变电站过程层网络配置

在智能变电站的过程层组网中，有采用 GOOSE、SV 单独组网的，也有 GOOSE-SV 共网的。电网中比较常见的是 500、220、110kV 智能变电站，其过程层网络配置各有不同。

1. 500kV 智能变电站过程层网络配置

500kV 智能变电站过程层网络分为 500kV、220kV 及 35kV（35kV 为主变压器低压侧）两个层级，每个层级再分为 A 网、B 网两个网络。500kV 网络一般为 GOOSE、SV 单独组网；220kV 及 35kV 网络一般为 GOOSE-SV 共网。以 500kV 网络 GOOSE、SV 单独组网为例，列出某典型 500kV 智能变电站过程层网络组成见表 2-2。

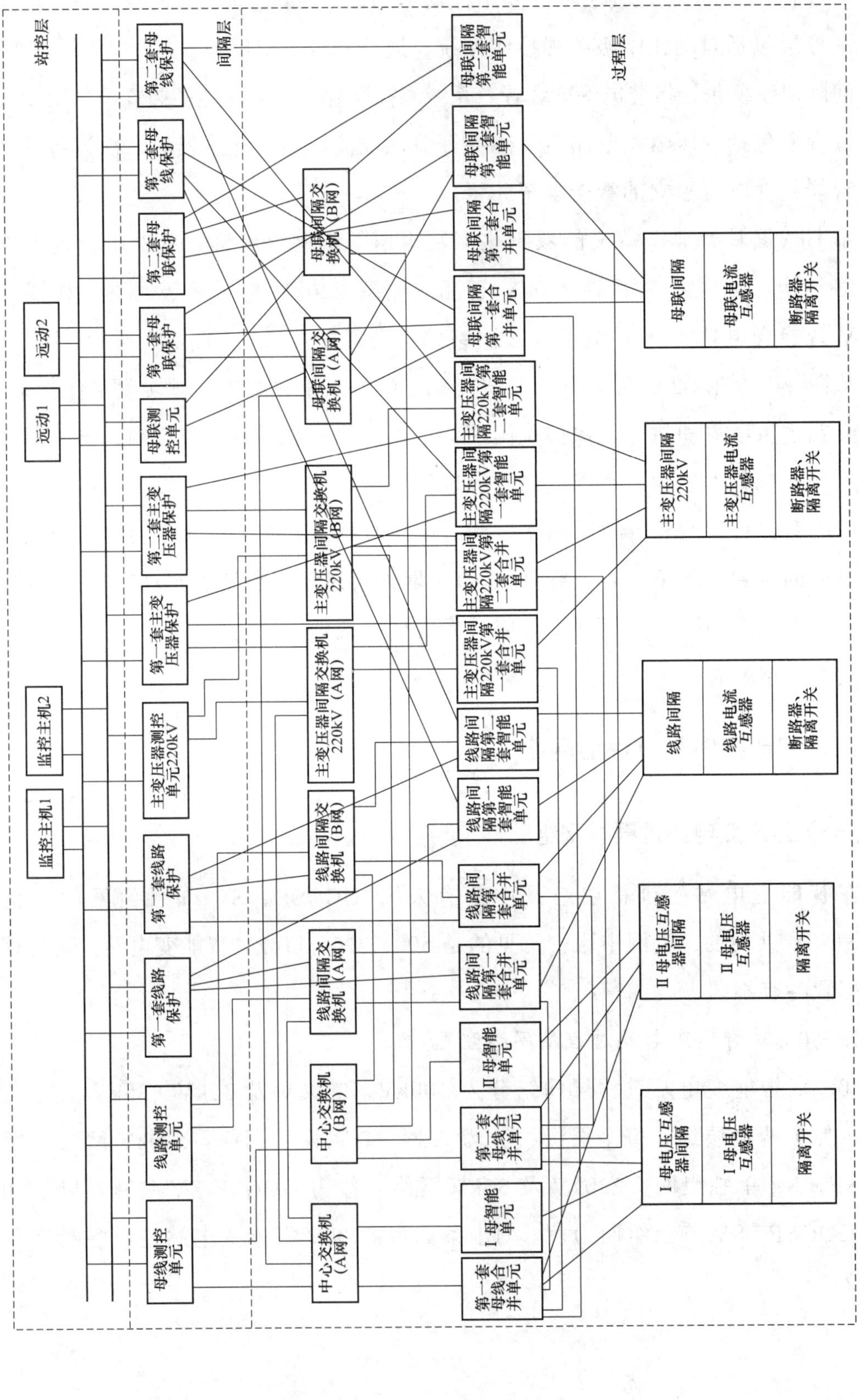

图 2-1 某 220kV 智能变电站 220kV 电压等级网络结构图

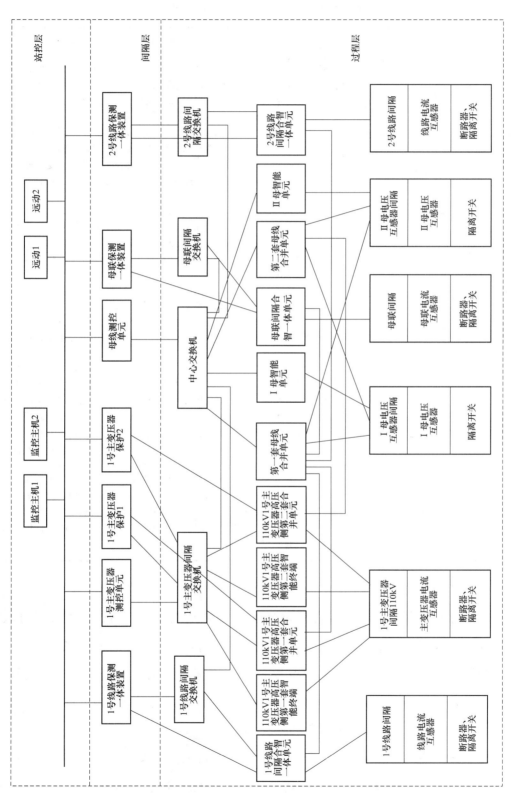

图 2-2 某 110kV 智能变电站 110kV 电压等级网络结构图

表 2-2　　某典型 500kV 智能变电站过程层网络组成

过程层网络各子网	各子网的组件
500kV GOOSE A 网	500kV 线路、500kV 中断路器、500kV 主变压器高压侧测控装置、第一套智能终端；500kV 线路、500kV 中断路器第一套保护装置；主变压器第一套保护装置的 500kV 主变压器高压侧部分；对应中心交换机、对应各间隔过程层交换机
500kV GOOSE B 网	500kV 线路、500kV 中断路器、500kV 主变压器高压侧第二套智能终端；500kV 线路、500kV 中断路器第二套保护装置；主变压器第二套保护装置的 500kV 主变压器高压侧部分；对应中心交换机、对应各间隔过程层交换机
500kV SV A 网	500kV 线路、500kV 中断路器、500kV 主变压器高压侧测控装置、第一套合并单元；500kV 线路、500kV 中断路器第一套保护装置；主变压器第一套保护装置的 500kV 主变压器高压侧部分；对应中心交换机、对应各间隔过程层交换机
500kV SV B 网	500kV 线路、500kV 中断路器、500kV 主变压器高压侧第二套合并单元；500kV 线路、500kV 中断路器第二套保护装置；主变压器第二套保护装置的 500kV 主变压器高压侧部分；对应中心交换机、对应各间隔过程层交换机
220kV 及 35kV GOOSE-SV A 网	220kV 线路、220kV 母联、220kV 主变压器中压侧、35kV 主变压器低压侧测控装置、第一套智能终端、第一套合并单元；主变压器本体测控装置、智能终端；220kV 线路、220kV 母联第一套保护装置；主变压器第一套保护装置的 220kV 主变中压侧部分、35kV 主变压器低压侧部分、本体部分；对应中心交换机、对应各间隔过程层交换机
220kV 及 35kV GOOSE-SV B 网	220kV 线路、220kV 母联、220kV 主变压器中压侧、35kV 主变压器低压侧第二套智能终端、第二套合并单元；220kV 线路、220kV 母联第二套保护装置；主变压器第二套保护装置的 220kV 主变压器中压侧部分、35kV 主变压器低压侧部分、本体部分；对应中心交换机、对应各间隔过程层交换机

2．220kV 智能变电站过程层网络配置

220kV 智能变电站过程层网络分为 220、110kV 及 35kV 或 10kV（35kV 或 10kV 为主变压器低压侧）两个层级，每个层级再分为 A 网、B 网两个网络。220、110kV 及 35kV 或 10kV 网络多为 GOOSE-SV 共网。列出某典型 220kV 智能变电站过程层网络组成见表 2-3。

3．110kV 智能变电站过程层网络配置

110kV 智能变电站一般仅配置一个过程网，110、10kV 共用一个网络，不分 A 网、B 网，且为 GOOSE-SV 共网。列出某典型 110kV 智能变电站过程层网络组成

见表 2-4。

表 2-3　　　　某典型 220kV 智能变电站过程层网络组成

过程层网络各子网	各子网的组件
220kV GOOSE-SV A 网	220kV 线路、220kV 母联、220kV 主变压器高压侧测控装置、第一套智能终端、第一套合并单元；220kV 线路、220kV 母联第一套保护装置；主变压器第一套保护装置的 220kV 主变压器高压侧部分；对应中心交换机、对应各间隔过程层交换机
220kV GOOSE-SV B 网	220kV 线路、220kV 母联、220kV 主变压器高压侧第二套智能终端、第二套合并单元；220kV 线路、220kV 母联第二套保护装置；主变压器第二套保护装置的 220kV 主变压器高压侧部分；对应中心交换机、对应各间隔过程层交换机
110kV 及 35kV 或 10kV GOOSE-SV A 网	110kV 线路、110kV 母联保测装置、合智一体单元；110kV 主变压器中压侧、35kV 或 10kV 主变压器低压侧、本体测控装置；110kV 主变压器中压侧、35kV 或 10kV 主变压器低压侧第一套智能终端、合并单元；主变压器本体智能终端；主变压器第一套保护装置的 110kV 主变压器中压侧部分、35kV 或 10kV 主变压器低压侧部分；对应中心交换机、对应各间隔过程层交换机
110kV 及 35kV 或 10kV GOOSE-SV B 网	110kV 主变压器中压侧、35kV 或 10kV 主变压器低压侧第二套智能终端、第二套合并单元；主变压器第二套保护装置的 110kV 主变压器中压侧部分、35kV 或 10kV 主变压器低压侧部分；对应中心交换机、对应各间隔过程层交换机

表 2-4　　　　某典型 110kV 智能变电站过程层网络组成

过程层网络各子网	各子网的组件
110kV 及 10kV GOOSE-SV	110kV 线路、110kV 母联保测装置，合智一体单元；110kV 主变压器高压侧、10kV 主变压器低压侧、主变压器本体测控装置；110kV 主变压器高压侧、10kV 主变压器低压侧第一套智能终端、第一套合并单元、第二套智能终端、第二套合并单元、主变压器第一套保护装置、主变压器第二套保护装置；主变压器本体智能终端；中心交换机、对应各间隔过程层交换机

（二）某变电站的过程层网络

1. 某电压等级的过程层网络

选取具有代表意义的某双重化配置智能变电站的 220kV 过程层网络。从某智能变电站 220kV 过程层网络 A 网光纤联系图（见图 2-3）和某智能变电站 220kV 过程层网络 B 网光纤联系图（见图 2-4）可以看出，双重化配置的智能变电站，过程层 A 网、B 网数据完全分开，A 网、B 网之间不产生联系，各自独立运行，可靠性有了很大提高。各间隔过程层交换机将对应的保护装置、合并单元、智能终端组网，并与对应电压等级的中心交换机级联；线路保护、主变压器保护、母联保护、母线保护与各间隔对应合并单元直采、与对应智能终端直跳，线路保护、主变压器保护、母联保护并与对应各间隔过程层交换机连接，母线保护与对应电压等级的中心交换机连接；第一套母线合并单元、第二套母线合并单元与各间隔对应合并单元级联。

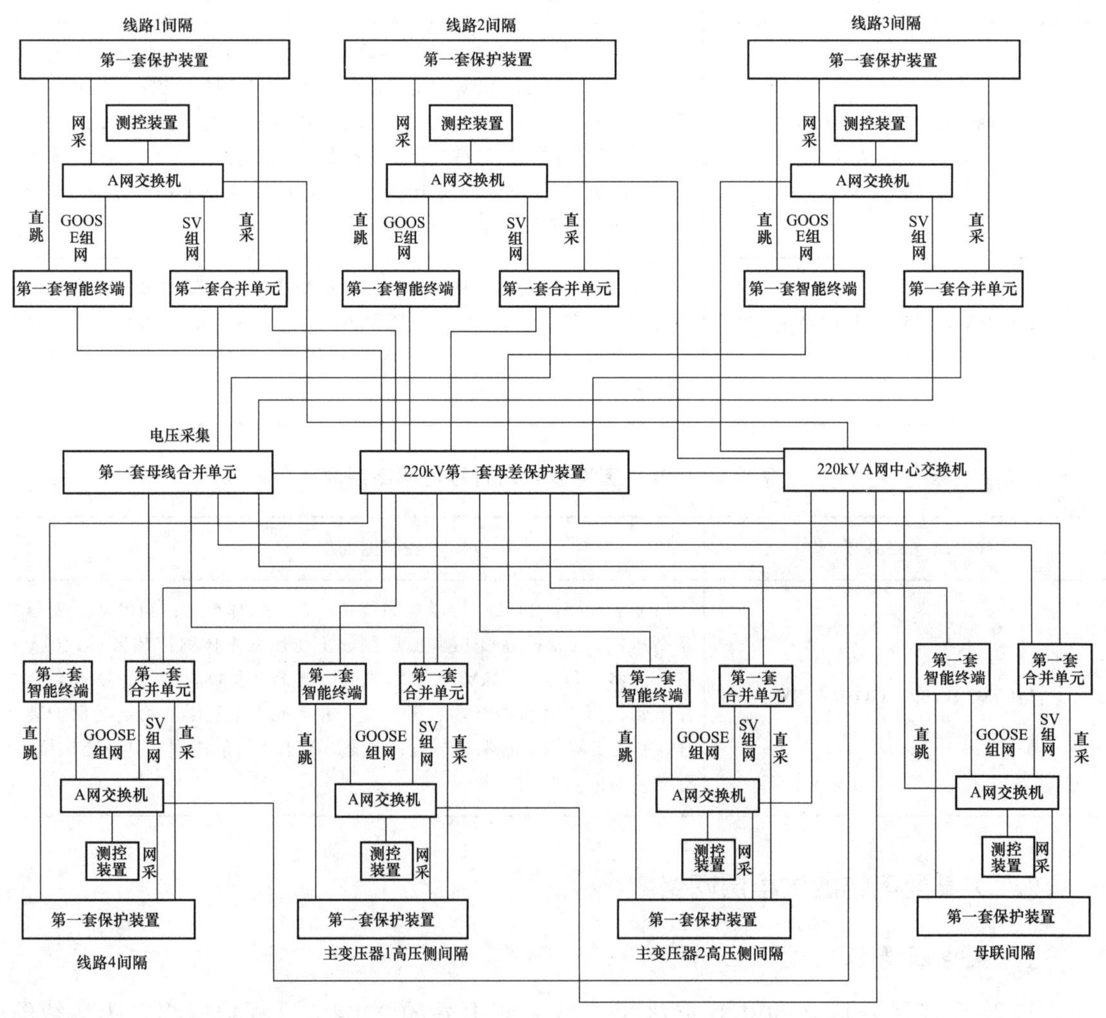

图 2-3　某智能变电站 220kV 过程层网络 A 网光纤联系图

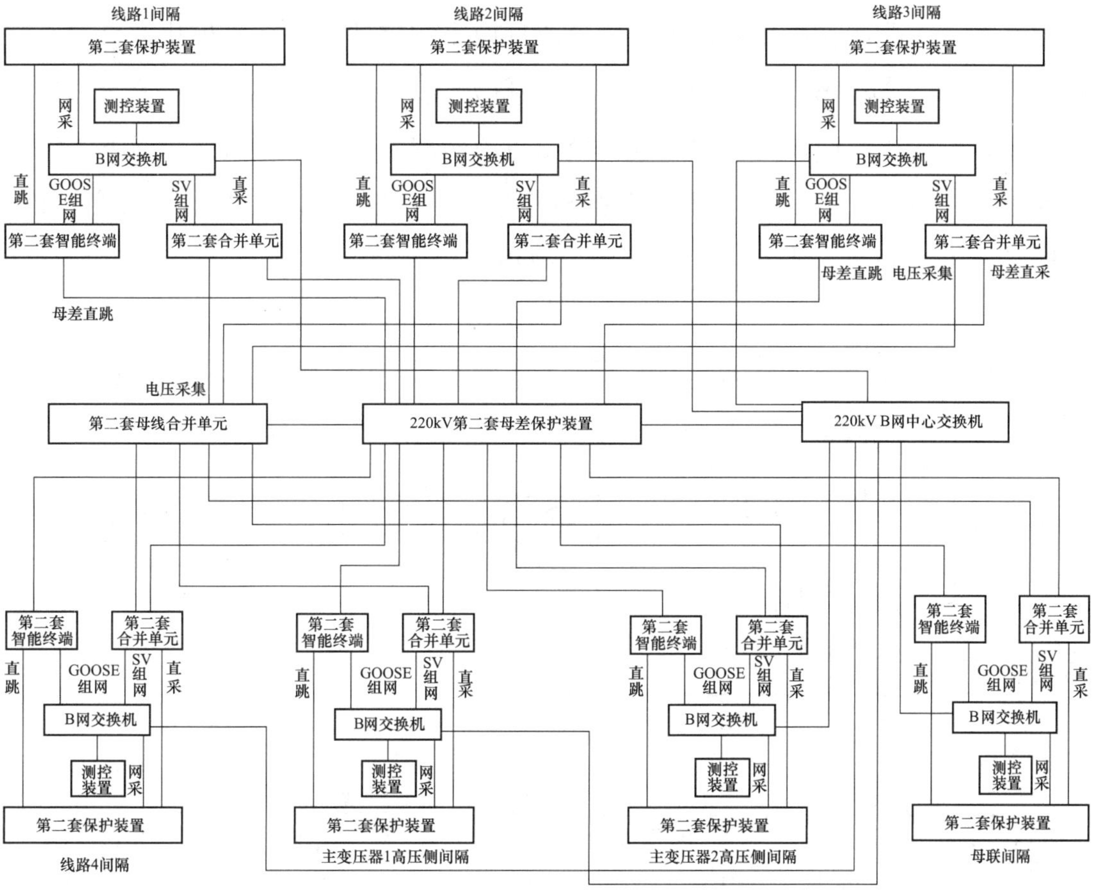

图 2-4 某智能变电站 220kV 过程层网络 B 网光纤联系图

2. 某间隔的过程层网络

选取具有代表意义的某双重化配置 220kV 间隔的过程层网络。

从某智能变电站 220kV 线路 1 间隔过程层 A 网光纤联系图（见图 2-5）和某智能变电站 220kV 线路 1 间隔过程层 B 网光纤联系图（见图 2-6）可以看出，各间隔的过程层 A 网、B 网光纤配置一致，且 A 网、B 网数据完全分开。间隔智能终端、间隔合并单元进行对时的光纤为单根，只接收同步时钟柜的数据。间隔合并单元到保护装置（线路保护、母线保护）的光纤为单根，只发送 SV 数据；间隔合并单元到母线合并单元的光纤为单根，只接收母线电压合并单元（Ⅰ母电压互感器合并单元、Ⅱ母电压互感器合并单元）的 SV 电压数据。保护装置（线路保护、母线保护）到间隔智能终端的光纤为两根，接收保护逻辑判别需要采集的开关量数据和发送保护动作后的跳合闸命令。连接到过程层交换机的各装置，均为两根光纤，进行收发数据。测控装置通过两个独立的光口（光模块）分别与过程层A网交换机、B网交换机连接。合并单元1、智能终端1、合并单元2、智能终端2布置在智能控制柜内，智能控制柜随断路器安装在设备区。当下主流布置方式是，测控装置、第一套线路保护、第二套线路保护、过程层A网交换机、过程层B网交换机布置在一个保护测控柜内。

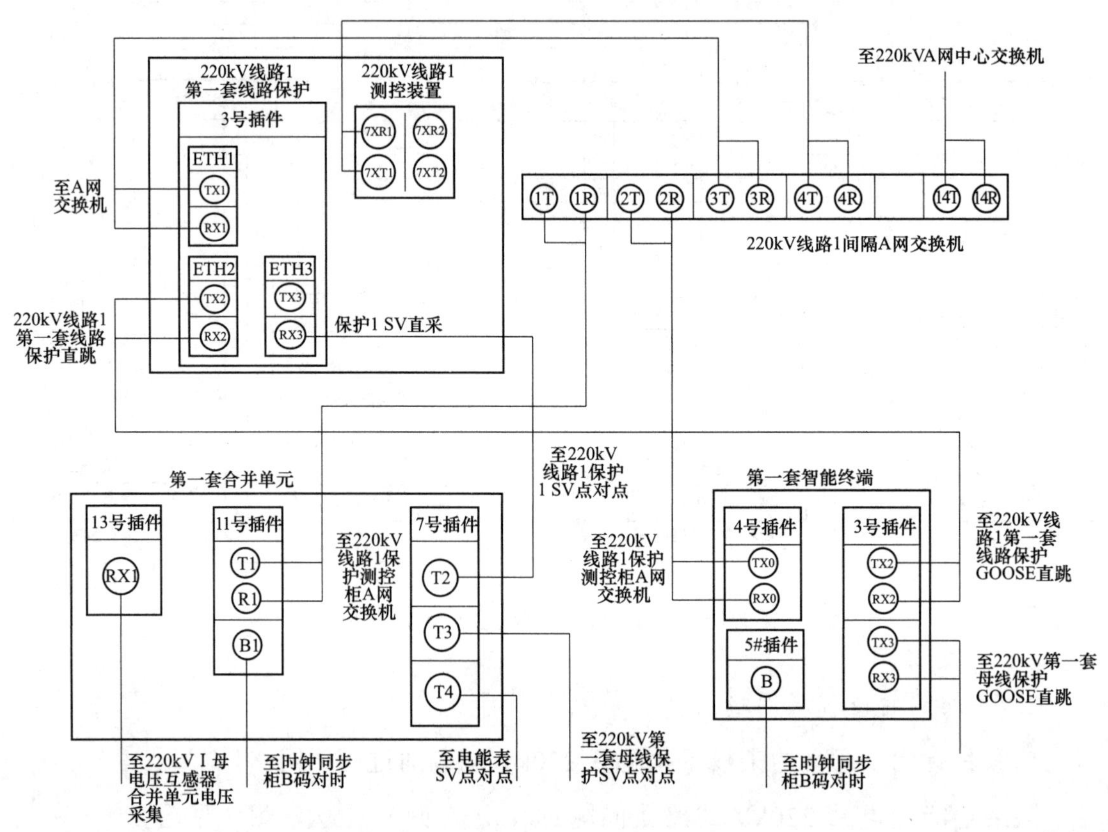

图 2-5　某智能变电站 220kV 线路 1 间隔过程层 A 网光纤联系图

图2-5中，第一套线路保护、测控装置、过程层交换机配置在继电保护室的220kV线路1保护测控柜内；第一套合并单元、第一套智能终端配置在现场的220kV线路1智能控制柜内。

图2-6中，第二套线路保护、测控装置、过程层交换机配置在继电保护室的220kV线路1保护测控柜内；第二套合并单元、第二套智能单元配置在现场的220kV线路1智能控制柜内。

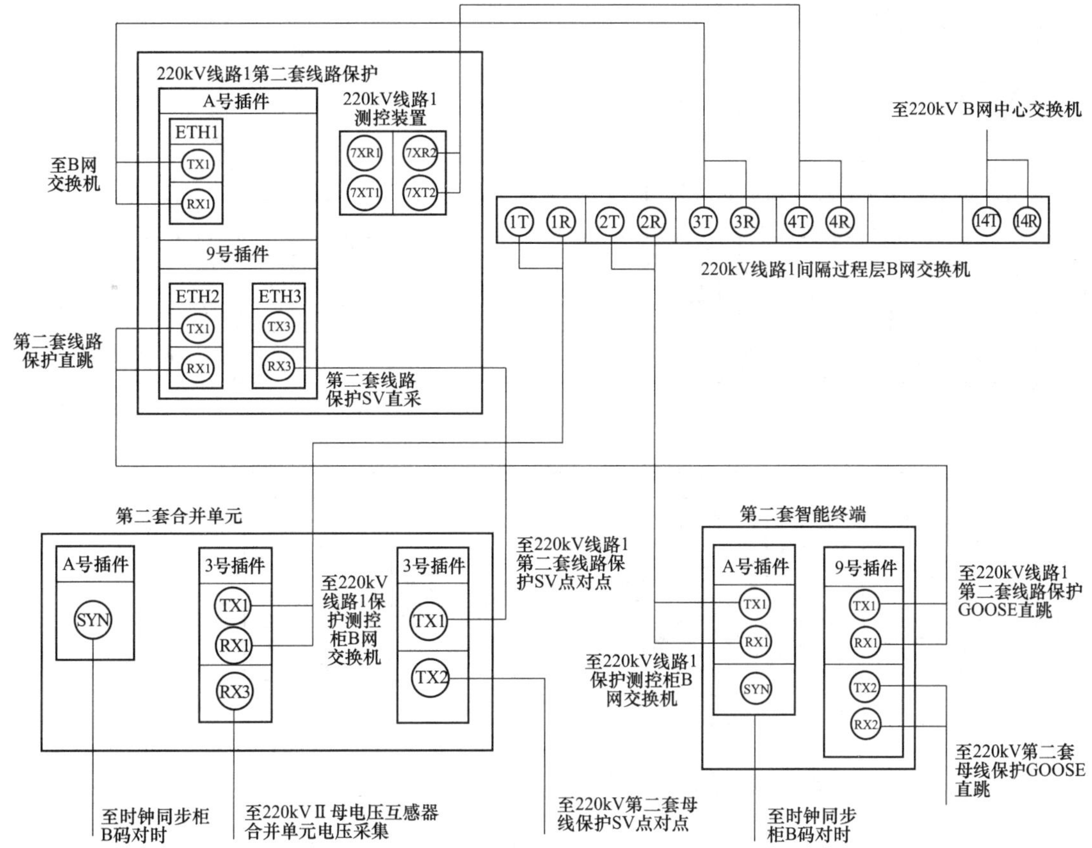

图 2-6 某智能变电站 220kV 线路 1 间隔过程层 B 网光纤联系图

第三节 常规变电站的网络结构

常规变电站一般采用站控层、间隔层的两层式组网方式。站控层分布布置同步时钟、监控主机、远动站等。间隔层的测控装置采用双以太网组网（110kV 及以下变电站，一般采用单以太网组网），直接通过以太网方式接入站控层网络；间隔层的保护装置，通过规约转化器或通信控制器接入站控层网络或直接通过以太网方式双网接入站控层网络；测控装置和保护装置通过电缆连接对应的电压互感器、电流互感器、一次设备。本书选取具有典型意义的双重化配置电压等级网络结构、单重化配置电压等级网络结构，分别绘制了某常规变电站的 220kV 电压等级网络结构图、某 110kV 常规变电站 110kV 电压等级网络结构图如图 2-7、图

2-8 所示。

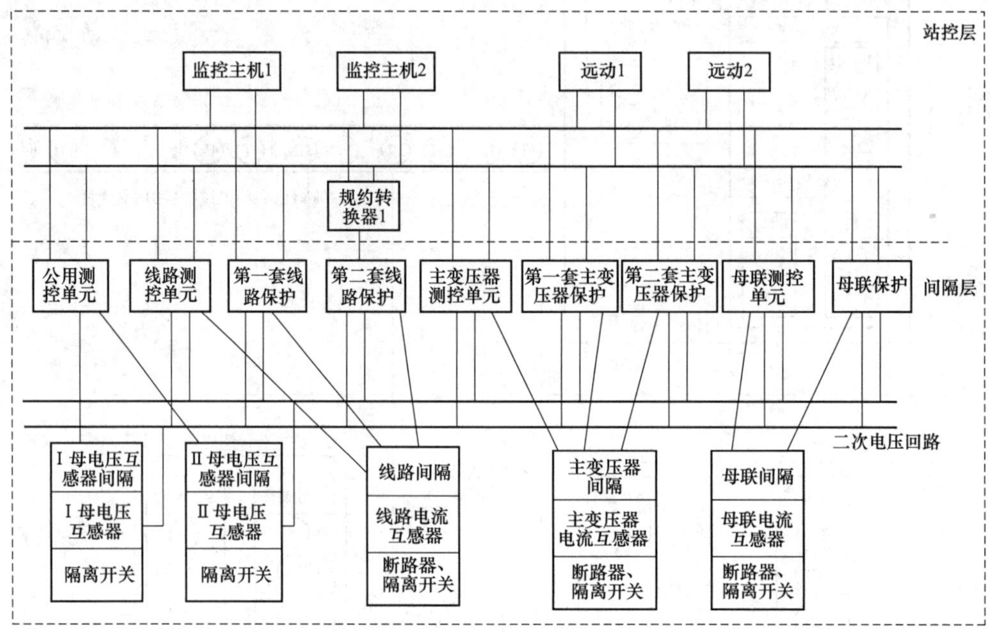

图 2-7　某常规变电站的 220kV 电压等级网络结构图

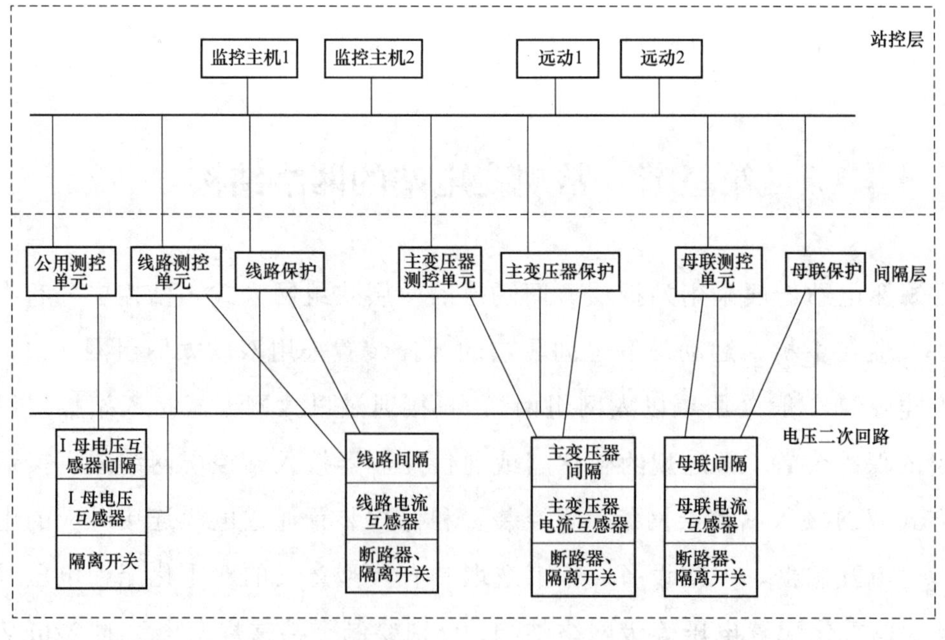

图 2-8　某 110kV 常规变电站 110kV 电压等级网络结构图

从图 2-7、图 2-8 中可以看出，双重化常规变电站在站控层通信时，需要使用规约转换器用于不同装置厂家的通信，增加了设备投入且互操作性差，从而给站控层网络带来一定的隐患。单重化常规变电站多采用同一厂家的测控、保护等二次设备，网络简单、稳定；若采用不同厂家的测控、保护等二次设备，仍需进行规约转化。

第四节　智能变电站与常规变电站网络运维差异化分析

（1）智能变电站与常规变电站在站控层多采用 RJ45 网线连接。智能变电站使用 IEC 61850 规约，不同厂家的装置之间通信良好，在站控层不再需要使用规约转换器，站控层网络较常规变电站稳定。

（2）智能变电站较常规变电站多了过程层，网络架构相对复杂，增加了这些设备，多了中间环节，在相互连接时容易出故障（如过程层交换机、连接光纤、光口等方面的故障），造成运维班难度增大。

（3）智能变电站测控装置、保护装置通过过程层设备与一次设备连接，测控装置、保护装置与过程层设备连接的光纤可以包含多路虚端子，收发多路信号；但虚端子回路配置不直观，可控性较差，对运维工作提出了更高的要求。常规变电站测控装置、保护装置通过端子箱与一次设备之间多采用二次电缆连接，二次电缆一般点对点进行，配置、更改、运维相对容易。

（4）智能变电站过程层设备与一次设备直接相连。电子式互感器通过光纤与合并单元、合智一体单元相连，常规互感器仍通过二次电缆与合并单元、合智一体单元相连。

第五节　智能变电站网络运维注意事项

智能变电站网络由站控层网络、过程层网络组成，站控层网络的技术、施工、运维已经比较成熟，存在问题较少，而过程层网络交换机多、节点多、布置相对复杂，相对问题较多，因此智能变电站网络的运维注意事项集中在过程层网络上。

1. 智能变电站过程层网络配置应规范

智能变电站有多个独立的过程层子网，表 2-2～表 2-4 中，某 500kV 智能变电站有 6 个独立的过程层子网，某 220kV 智能变电站有 4 个独立的过程层子网，某 110kV 智能变电站有 1 个独立的过程层子网，每个过程层子网由多个中心交换机和过程层交换机组成。

在过程层网络比较复杂的情况下，配置应规范，在配置完成后，建立交换机配置表，交由运维人员存档，以利于后期施工；任一套保护装置不应跨接双重化配置的两个过程层网络，如必须跨双网运行，则应采取有效措施，严格防止因网络风暴原因同时影响双重化配置的两个网络。交换机 VLAN 划分应统一规范，在对应的智能变电站中，使用一个统一的规范进行配置，避免混乱；配置的中心交换机和过程层交换机要适当、留有冗余，要兼顾远景扩建需求；降低交换机的 VLAN 划分的复杂程度，条件具备的话，一个间隔配置一个过程层交换机，避免 2 个以上间隔接入一个过程层交换机。

2. 重视对光交换机和对应光纤查看、光纤的检查、维护

结合运维经验，光交换机在温度在 90℃左右时，光交换机会出现死机、故障等现象，从而导致部分过程层网络中断。因此，要重视对光交换机温度的测量。光交换机的温度范围，没有明确的规定，可以参考智能控制柜内的温度要求，光交换机的温度应为 5～45℃，光交换机超过范围后，需要提高测温频次，结合其他诊断手段，判断其工作是否正常；光交换机达到 90℃，不论其是否死机，应作为危急缺陷进行处理，并通过降低继电保护室内温度、打开保护柜后柜门、临时加装风扇降温等方式进行降温。

运维中应随智能变电站的全面巡视，进行光纤的检查、维护。检查光纤接头（含光纤配线架侧）完全旋进或插牢，无虚接现象，光纤连接可靠牢固，无光纤损坏、异常弯折现象；检查光纤备用芯、备用光口、网口防尘帽无破裂、脱落，密封良好。每年应进行一次光纤测量，主要进行备用芯测量，运行光纤纤芯可通过智能变电站继电保护可视化运维等相应系统进行查看。

3. 明确光纤通信的信息流向

光纤通信异常是由光纤传送信息的接收端报出的，在明确光纤信息流向后，利于光纤通信异常的排查。

在运维中，可以先根据使用光纤的根数（光纤多为单模光纤，每根配置一定数量的光芯），仅一根的话，一端发送、另一端接收；两根（一对），两端都进行收发。再结合具体的装置，如时钟同步装置，向其他装置发送时钟数据，仅发送；间隔合并单元向对应保护装置发送电流、电压数据，仅发送；母线合并单元向间隔合并单元发送电压数据，仅发送；连接到过程层交换机的各装置，与过程层交换机进行数据交汇，既发且收等。通过这些方法，基本掌握光纤通信的数据流向。

第三章

监控系统运维差异化分析

智能变电站与常规变电站监控系统的功能基本一致，其实现原理基本一致。但由于智能变电站独有的智能终端、合并单元、合智一体单元及过程层网络与常规变电站不同，导致智能变电站与常规变电站的监控系统运维存在差异。

第一节 监控系统功能实现的差异化分析

变电站监控系统功能一般是指变电站的“四遥”功能，即遥控、遥信、遥测、遥调。

智能变电站使用 IEC 61850 规约，不同厂家的设备可以实现互通，“四遥”功能比常规变电站强大。常规变电站测控装置、保护装置使用 IEC 61870-5-103 等协议，测控装置与非本厂的保护装置之间无法直接通信，需要使用规约转换器来协助通信，导致不同厂家的设备互操性很差，如测控装置即使通过规约转换器也无法在非本厂的保护装置上进行定值召唤、定值区号查看、软压板状态查看等功能，“四遥”功能有局限。

智能变电站的“四遥”功能不是由对应的测控装置实现全部功能，其中遥控、遥信、遥调的部分功能由对应的智能终端完成、遥测部分功能由对应的合并单元完成，构成了变电站的“四遥”功能。所以，智能变电站的监控系统功能（即“四遥”功能）组件包含了对应的测控装置、智能终端、合并单元、间隔过程层交换机。

在常规变电站中，测控装置实现了隔离开关的遥控、遥信、遥测、遥调功能，测控装置和对应的保护装置操作箱或操作插件实现了断路器的遥控功能。

智能变电站与常规变电站监控系统功能组件的差异见表 3-1。

表 3-1　　智能变电站与常规变电站监控系统功能组件的差异

监控系统功能组件	智能变电站	常规变电站
遥控	测控装置＋第一套智能终端（仅一套智能终端时，为测控装置或保测一体装置＋智能终端或合智一体单元）＋间隔过程层交换机	测控装置对隔离开关的遥控
		测控装置＋保护装置操作箱或操作插件对断路器的遥控
遥信	测控装置＋第一套智能终端、第二套智能终端、第一套合并单元、第二套合并单（仅一套智能终端时，为测控装置或保测一体装置＋智能终端或合智一体单元；仅一套合并单元时，为测控装置或保测一体装置＋合并单元或合智一体单元）＋间隔过程层交换机	测控装置
遥测	测控装置＋第一套合并单元、第二套合并单元（仅一套合并单元时，为测控装置或保测一体装置＋合并单元）＋间隔过程层交换机	测控装置
遥调	测控装置＋主变压器本体智能终端＋间隔过程层交换机	测控装置

第二节　遥控运维差异化分析

一、智能变电站断路器、隔离开关的遥控

（一）智能变电站断路器、隔离开关的遥控回路分析

以某 220kV 断路器、隔离开关的遥控回路为例。如图 3-1 所示，在监控系统进行断路器或隔离开关的遥控操作时，遥控指令通过站控层网络到测控装置，通过对应的间隔过程层交换机到第一套智能终端，驱动对应触点闭合（如遥控断开断路器，使 n1201、n1202 之间的触点闭合），进行断路器、隔离开关的遥控。

（二）智能变电站遥控功能下放分析

（1）断路器、隔离开关遥控压板随智能终端配置。双重化配置的智能终端，

仅第一套智能终端设置对应的遥控压板，第二套智能终端上不设置遥控压板；单套配置的智能终端或合智一体单元，随智能终端或合智一体单元设置对应的遥控压板。

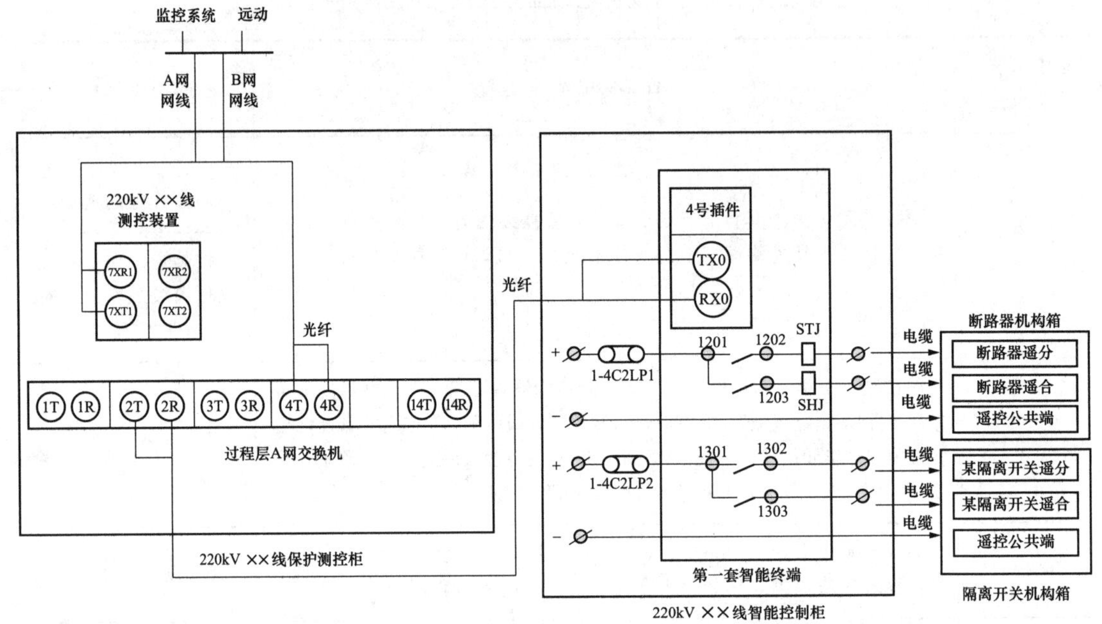

图 3-1　智能变电站某 220kV 断路器、隔离开关遥控回路示意图

STJ—手跳/遥跳继电器；SHJ—手合/遥合继电器；1-4C2LP1—某断路器遥控出口；1-4C2LP2—某隔离开关遥控出口

（2）智能变电站测控装置或保测一体装置不具备就地操作功能，进行双重化配置的智能终端，仅在第一套智能终端上进行就地操作；单重化配置的智能终端或合智一体单元，在智能终端或合智一体单元进行就地操作。对应的断路器远近控把手、断路器控制把手随第一套智能终端或合智一体单元安装在设备区的智能控制柜内，如图 3-2 所示。

二、常规变电站断路器、隔离开关的遥控

以某 220kV 断路器、隔离开关的遥控回路为例，其示意图如图 3-3 所示。

在监控系统进行断路器的遥控操作时，遥控指令通过站控层网络到测控装置，使测控装置的对应触点闭合，通过对应间隔的操作箱（如遥控断开断路器，使测控

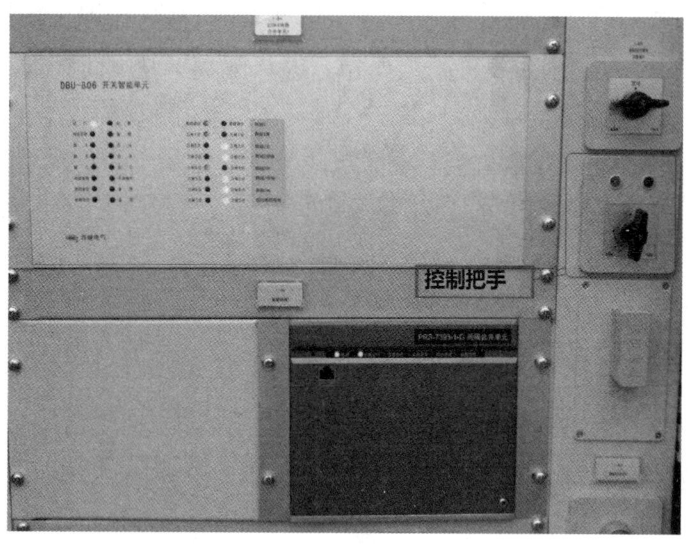

图 3-2　某 220kV 断路器远近控把手、控制把手安装情况

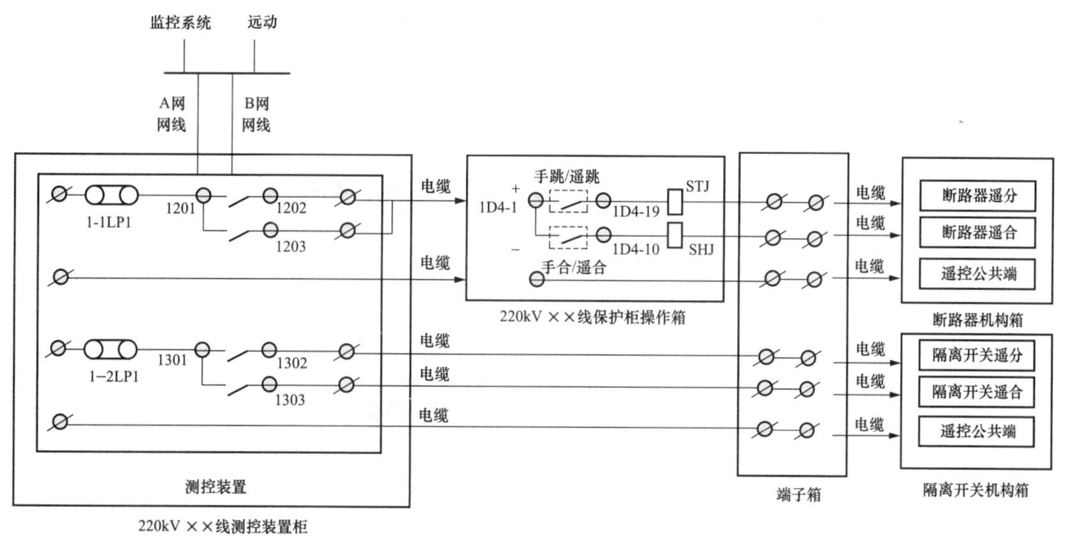

图 3-3　常规变电站某 220kV 断路器、隔离开关遥控回路示意图

STJ—手跳/遥跳继电器；SHJ—手合/遥合继电器；1-1LP1—某断路器遥控出口；

1-1LP2—某隔离开关遥控出口

装置 4n1201、4n1202 之间的触点闭合，对应保护装置的操作箱 1D4-1、1D4-19 之间的触点闭合），经端子箱到对应的断路器机构箱机构箱，进行断路器遥控。在监控系统进行隔离开关的遥控操作时，遥控指令通过站控层网络到测控装置，使测控装置的对应触点闭合（如遥控拉开隔离开关，使测控装置 4n1301、4n1302 之间的触点闭合），经端子箱到对应的隔离开关机构箱，进行隔离开关的遥控。隔离开关遥控不经间隔的操作箱。

三、智能变电站遥控的运维注意事项

（1）智能变电站断路器的就地操作在智能控制柜内，与现场断路器的距离比较近，从保障运维人员的安全出发，不宜在运行中进行断路器就地分闸、合闸。在某间隔测控装置或保测一体装置站控层网络通信全部中断，或者过程层与第一套智能终端或合智一体单元 GOOSE 断链，运维人员收到断路器操作的调度令时，是无法进行的。出现此类通信问题时，需要尽快处理。

（2）运维中，断路器的遥控压板不允许退出；隔离开关的遥控压板随各单位运维管理部门要求进行投退。运维中，应防止出现智能控制柜内硬压板错误投退，尤其是错退；在退出时要认真进行操作，检查，防止错退出断路器的遥控压板及附近布置的保护跳闸出口、保护合闸出口压板。

第三节　遥信运维差异化分析

遥信是采集反映一、二次设备状态信息及异常、告警动作信号的，其通过触点开入到采集单元，对应触点闭合后，相关信息上送至测控装置。智能变电站与常规变电站的遥信没有本质上的差异，在遥信功能组件和开入量回路上有差异。

一、智能变电站的遥信

智能终端、合并单元、合智一体单元在收到断路器、隔离开关位置等信息和自身的相关通信断链等信息后，向测控装置或保测一体装置发送开入量；智能终端、合并单元、合智一体单元本身的失电告警及故障信息，通过硬触点互连实现，即某装置故障，通过另一装置上送至其对应的测控装置后报出。双重化配置的智能终端、合并单元，第一套智能终端、第二套智能终端、第一套合并单元、第二套合并单元，均向测控装置发送开入量数据，各变电站监控系统根据运维的需要进行配置，一般以第一套智能终端的开入量为主。单重化配置的智能终端、合并单元或合智一体单

元，向测控装置或保测一体装置发送开入量数据。以双重化配置的某 220kV 间隔断路器、隔离开关的位置为例来阐述开入量回路，如图 3-4 所示。

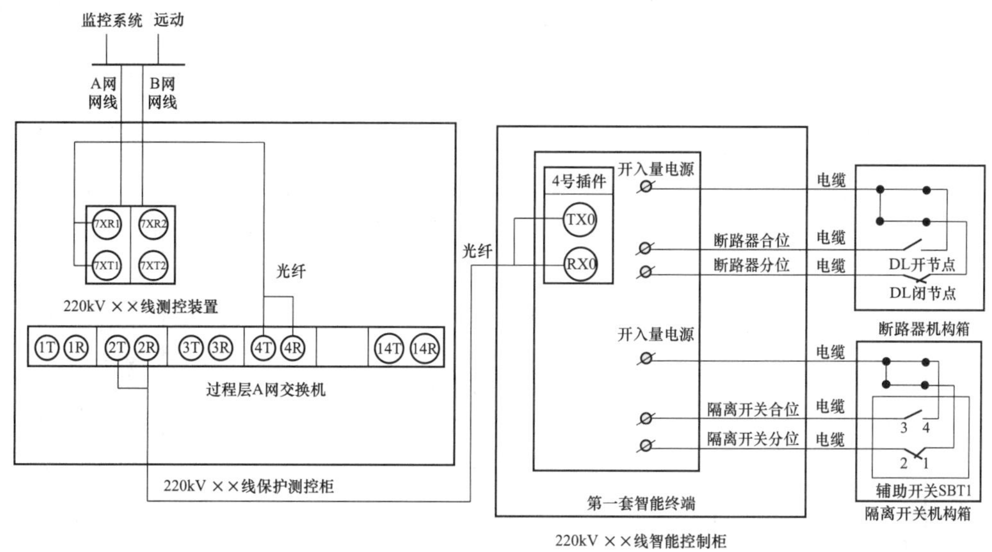

图 3-4　智能变电站某 220kV 间隔断路器、隔离开关遥信回路示意图

图 3-4 中，触点 3、4，触点 1、2 分别接入反映隔离开关位置的辅助触点，触点 3、4 反映合位，触点 1、2 反映分位。在隔离开关合位时，3、4 之间的触点接通，2、1 之间的触点打开，向第一套智能终端发送开入量，经过第一套智能终端处理后，经过过程层交换机发送至测控装置，通过站控层网络发送至监控系统。

二、常规变电站的遥信

测控装置承担着全部遥信功能。断路器、隔离开关位置等信息通过二次电缆向测控装置输入开关量。以双重化配置的某 220kV 间隔断路器、隔离开关的位置为例来阐述开入量回路，如图 3-5 所示。

图 3-5 中，断路器合位，DL 动合触点闭合、DL 动断触点打开，通过二次电缆经端子箱向测控装置输入开关量，经过测控装置相关模块处理后，通过站控层网络发送至监控系统。

三、智能变电站遥信运维注意事项

（1）智能变电站遥信需要接收所有的智能终端、合并单元、合智一体单元采集的信息和自身的信息，配合元件比较多。在运维中，要查清楚各元件故障之间的差异、元件故障与元件之间过程层故障之间的差异，能做到有针对性的处理。同时在处理部分组件故障时，严格按照相关二次安全措施规定进行，防止扩大二次措施，对其他运行中的元件造成影响。

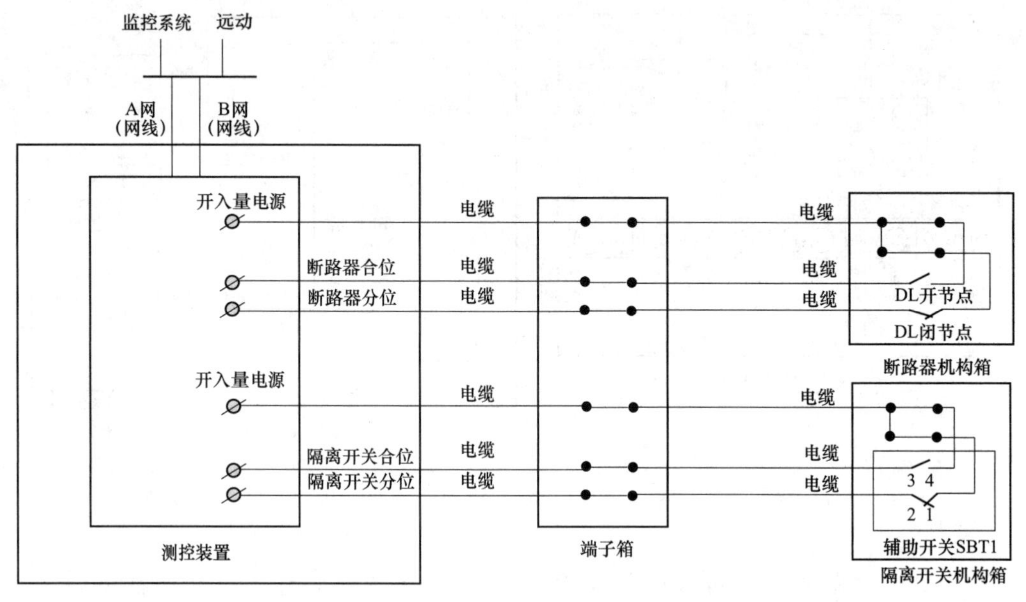

图 3-5　常规变电站某 220kV 间隔断路器、隔离开关遥信回路示意图

(2)各运维单位应对智能变电站遥信接收双重化配置智能终端的信息进行统一，根据运维习惯，规范好第一套智能终端、第二套智能终端采集信息的描述；防止第一套智能终端、第二套智能终端采集信息描述的不一致，在智能终端故障时，功能及报文描述的不同给运维人员造成困扰。

第四节　遥测运维差异化分析

智能变电站与常规变电站的遥测没有本质上的差异，在遥测功能组件和采集回路上有差异。

一、智能变电站的遥测

合并单元或合智一体单元将电流模拟量、电压模拟量转化为数字信号后，经过过程层网络发送至对应测控装置或保测一体装置，再经站控层网络传送至监控系统。

以单母分段配置的某 110kV 间隔电流、电压采集为例来阐述遥测回路，如图 3-6 所示。

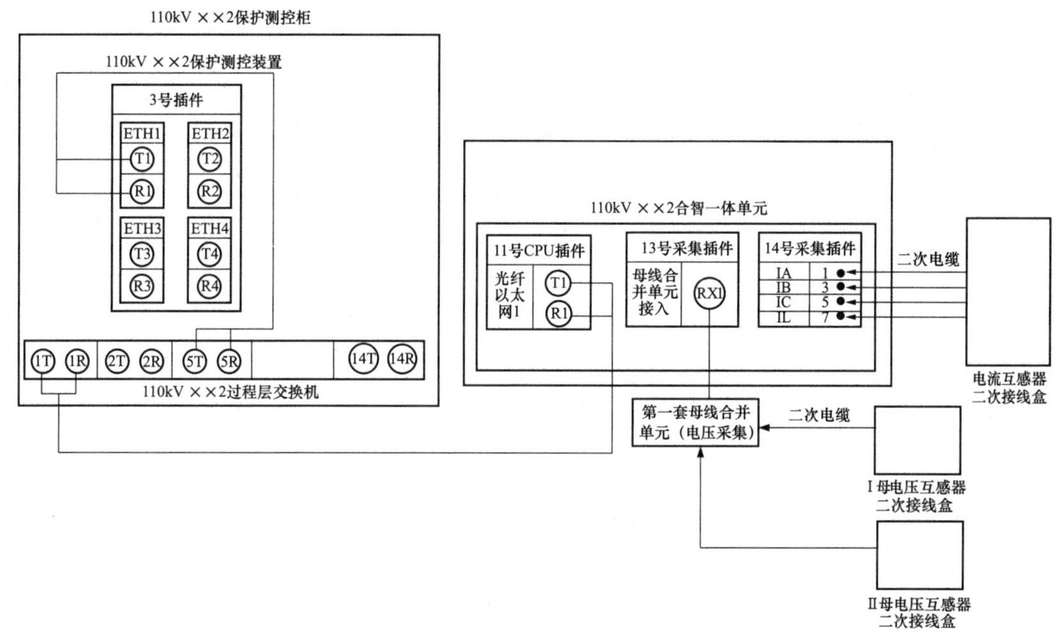

图 3-6　智能变电站某 110kV 间隔电流、电压采集回路示意图

图 3-6 中，合智一体单元采集本间隔的电流互感器二次电流、采集经第一套母线合并单元发送的测量电压，经过程层网络送至测控装置，测控装置通过站控层网络发送至监控系统。

二、常规变电站的遥测

测控装置将采集的模拟电压、模拟电流通过站控层网络传送至监控系统。

测控装置承担着全部遥测遥信功能，采集经端子箱转接的本间隔电流互感器二次电流、经本间隔保护电压切换装置转化后的母线电压。以常规变电站某 110kV 间隔电流、电压采集回路为例来阐述，如图 3-7 所示。

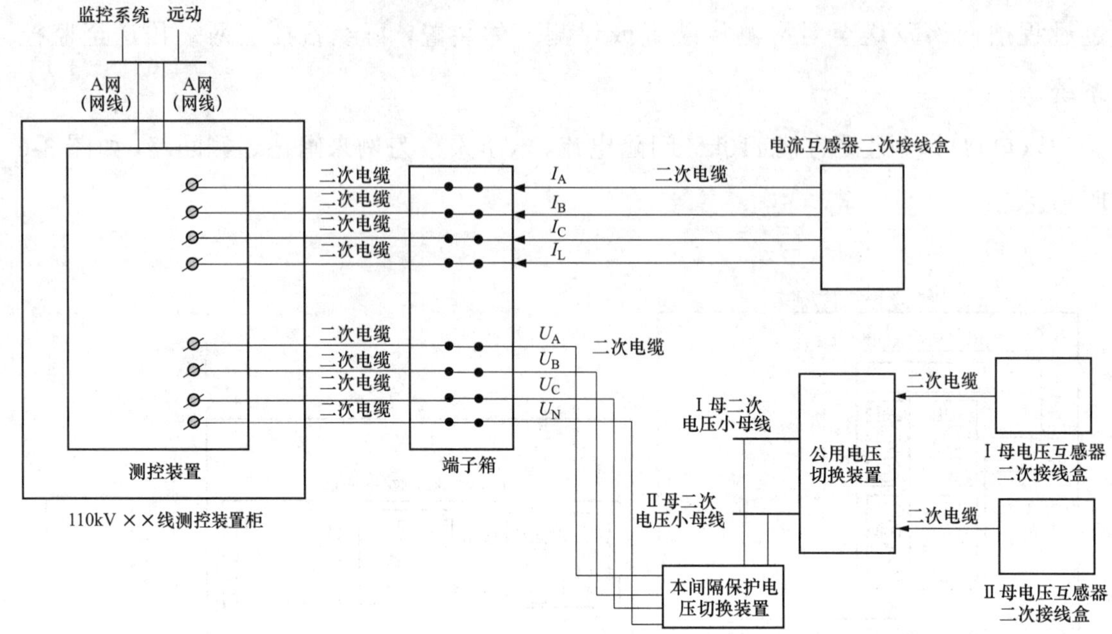

图 3-7 常规变电站某 110kV 间隔电流、电压采集回路示意图

三、智能变电站遥测运维注意事项

（1）智能变电站二次电流、二次电压模拟量经合并单元或合智一体单元转化为数字信号量后，在合并单元光纤输出部分或合智一体单元至监控系统之间的网络上工作，不会引起电流互感器二次开路或电压互感器二次短路；但在合并单元模拟量输入部分工作，仍有可能引起电流互感器二次开路或电压互感器二次短路的可能。二次工作安全性相对常规变电站有了很大的提升

（2）在 500kV 及以上电压等级上，多采用 3/2 接线，每条线路或 500kV 变压器高压侧装设三相电压互感器，间隔合并单元直接从间隔的电压互感器上采集二次电压；500kV 母线多装设单相电压互感器，用于检同期合闸及线路的重合闸。在 220kV 及以下电压等级上，一般在母线上装设三相电压互感器，各间隔合并单元均需接收母线合并单元发送的母线二次电压；在线路上装设单相电压互感器，用于检同期合闸及线路的重合闸；若母线合并单元故障或各间隔合并单元至母线合并单元 SV 断链，均影响测控装置的遥测。

（3）各运维单位应对智能变电站遥测接收双重化配置合并单元的信息进行统一，根据运维习惯和运维要求，规范好第一套合并单元、第二套合并单元采集的信息，

将某一套合并单元故障给遥测造成的故障影响降低。

第五节　遥调运维差异化分析

智能变电站与常规变电站的遥调没有本质上的差异，在遥调功能组件和采集回路上有差异。

一、智能变电站的遥调

主变压器本体智能终端集成原常规变电站本体测控装置部分功能，挡位升、挡位降、挡位停遥控压板随本体智能终端安装在主变压器本体智能控制柜中。

以某智能变电站 220kV 三绕组变压器的遥调为例来阐述遥调回路，如图 3-8 所示。

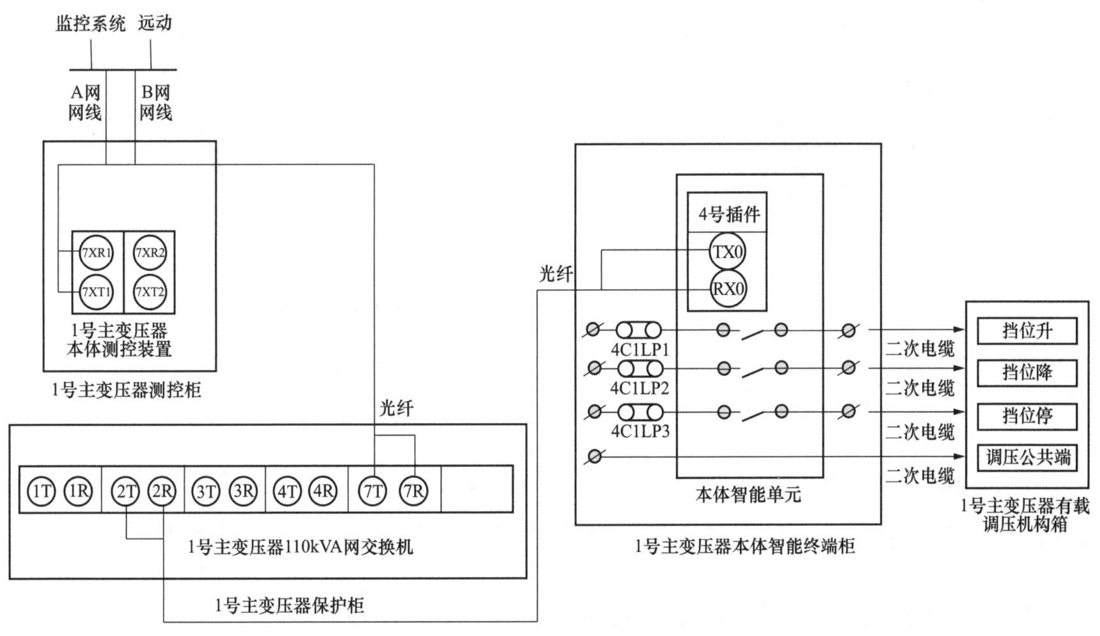

图 3-8　某智能变压器 220kV 三绕组变压器的“遥调”回路示意图

4C1LP1—1 号主变压器升挡；4C1LP2—1 号主变压器降挡；4C1LP3—1 号主变压器挡位停

监控系统发遥调指令，通过站控层网络经变压器本体测控装置，经过过程层网络发送至配置在变压器现场的变压器本体智能终端，变压器本体智能终端对应触点闭合，通过二次电缆接通变压器本体有载调压机构，进行变压器的遥控调挡。

二、常规变电站的遥调

测控装置承担着全部遥调功能，通过端子箱进行二次电缆的连接。

以某常规变电站 220kV 三绕组变压器的遥调为例来阐述遥调回路，如图 3-9 所示。

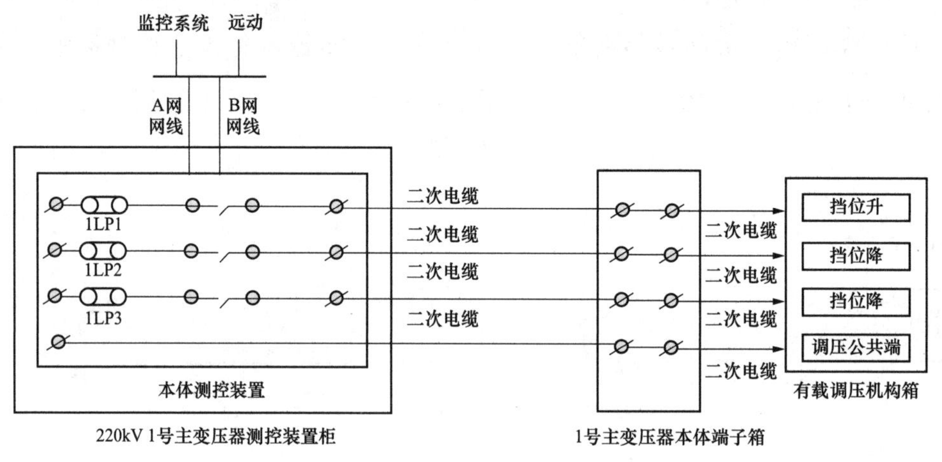

图 3-9 某常规变压器 220kV 三绕组变压器的遥调回路示意图

1LP1—1 号主变压器升挡；1LP2—1 号主变压器降挡；1LP3—1 号主变压器挡位停

监控系统发遥调指令，通过站控层网络经变压器本体测控装置，经本体端子箱转接通过二次电缆接通变压器本体有载调压机构，进行变压器的遥控调挡。

三、智能变电站遥调运维注意事项

智能变电站遥调仅通过过程层单网（双重化配置的仅使用 A 网）进行，配合元件比较多，在调挡前后不仅要注意监控信息，还应到现场查看变压器实际挡位，确保挡位按要求进行调节，防止出现因元件故障或通信中断引起的滑挡、调挡中断等异常情况。

第六节　智能变电站监控系统运维注意事项

（1）智能变电站监控系统采集的触点较多，采集的数据量大，对监控系统主机性的运维有更高的要求。应定期对监控主机进行清扫、除尘，保持监控主机硬件运行环境良好；掌握清理监控系统缓存的方法，定期清理监控系统缓存，确保监控系统软件部分运行良好。经过定期维护后，仍遇到监控系统主机死机的情况，要重视，请专业班组判断、处理，需要时升级监控系统主机配置。

（2）应合理布置智能变电站监控系统的各间隔分图。在间隔分图中，不宜将操作把手状态、压板操作、测控信息、保护信息等布置在一个间隔分图中，内容多且图很大，容易产生误操作；将间隔分图的内容分类设置，设立测控分图、保护分图等分图。测控分图放置各元件的远近控把手状态、检修压板状态、站控层通信状态、间隔“五防”[防止误分、合断路器，防止带负荷分、合隔离开关，防止带电挂（合）接地线（接地开关），防止带地线送电，防止误入带电间隔]、测控信息等；保护分图放置软压板的状态及操作、保护信息、保护动作光字、保护装置远方操作状态等；从而使各间隔分图更清晰。

由于智能变电站母线保护不再设置外部强制隔离开关位置的小开关、按钮等装置，而是通过强制软压板进行控制，运维人员在保护装置或保测装置上操作软压板且操作风险很大，宜在母线保护分图中，设立强制软压板分图，将所有支路的强制软压板涵盖在内，以利于隔离开关位置异常时的处理。

（3）智能变电站过程层信息关联性强，不应分散设立在各间隔的保护分图、测控分图中，应设立一个与主接线图层级一致的链接，按电压等级和母线保护设立各子图，在子图中按间隔或母线保护汇总相关的过程层信息，如某个链路的通断等，利于运维人员进行链路故障的判断。

（4）监控系统的很大一部分功能是通过布置在智能控制柜内的智能终端、合并单元、合智一体单元来实现的，保持好智能控制柜的运行工况是很重要的。要合理设置柜内空调的运行模式，防止空调产生柜内冷凝水，使柜内温度保持在户内柜 5～45℃、户外柜 5～55℃。

第四章

同步时钟系统运维差异化分析

第一节　同步时钟系统配置差异化分析

智能变电站由于涉及对合并单元、智能终端的对时，对时钟同步系统要求很高，有北斗、GPS 两个时钟源，且要求北斗为主、GPS 为辅。现在通常采用的对时方式为 IRIG-B 码对时。

常规变电站时钟同步系统的要求相对智能变电站来说不高，多采用 GPS、北斗两个时钟源，也有仅有 GPS 一个时钟源；对时方式多样，有采用脉冲对时、B 码对时、脉冲和 B 码综合对时等多种方式。

第二节　智能变电站与常规变电站同步时钟系统运维差异化分析

一、智能变电站的同步时钟系统

智能变电站的时钟同步系统由站控层设备对时和过程层设备对时组成，间隔层设备对时多采用电 IRIG-B 码对时，过程层设备对时多采用光 IRIG-B 码对时。以某智能变电站双重化配置电压等级的同步时钟系统为例进行阐述，如图 4-1 和图 4-2 所示。

从图 4-1 和图 4-2 中可以看出，同步时钟柜与站控层设备、过程层设备辐射状接线，站控层设备通过网线连接、过程层设备通过光纤连接；同步时钟柜与各设备的对时，不受其他设备的影响。

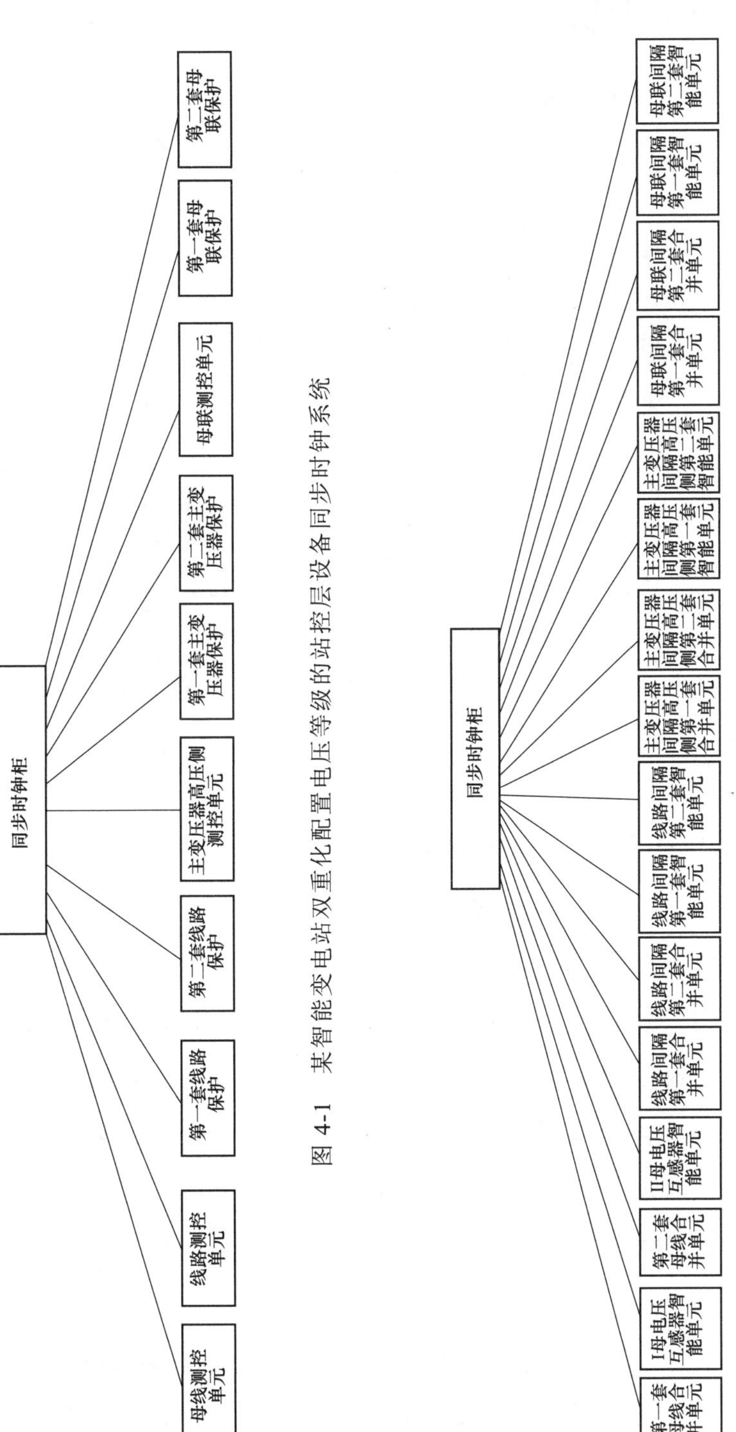

图 4-1　某智能变电站双重化配置电压等级的站控层设备同步时钟系统

图 4-2　某智能变电站双重化配置电压等级的过程层设备同步时钟系统

二、常规变电站的同步时钟系统

常规变电站的时钟同步系统仅对站控层设备进行对时，多采用电 IRIG-B 码对时。以某常规变电站双重化配置电压等级的同步时钟系统为例进行阐述，如图 4-3 所示。

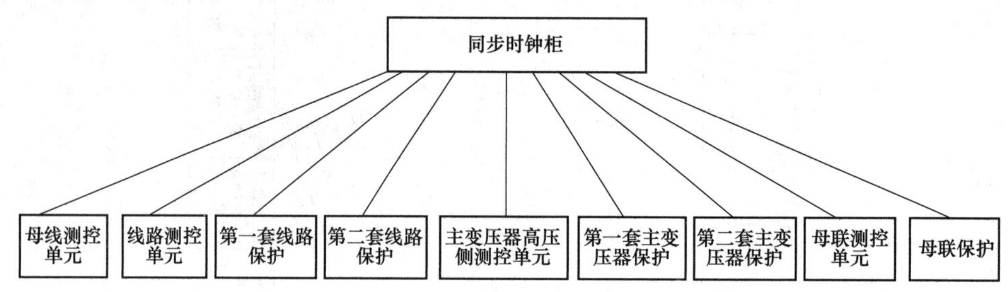

图 4-3　某常规变电站双重化配置电压等级的站控层设备同步时钟系统

从图 4-3 可以看出，常规变电站与智能变电站站控层设备同步时钟系统的差异较小，基本一致。

第三节　智能变电站时钟同步系统运维注意事项

（1）智能变电站较常规变电站时钟同步系统的主要差异在于智能变电站过程层设备的对时。智能终端承担部分测控与保护出口的功能，智能终端的时钟出现故障，不影响保护出口，给测控、合并单元等发送的报文受影响，对设备的安全影响相对不大；涉及多间隔合并单元、合智一体单元的母线保护、变压器差动保护、线路纵联保护，要求各合并单元、合智一体单元采样同步，若合并单元、合智一体单元时钟出现故障，就严重影响对应保护装置，因此对合并单元、合智一体单元的时钟采集要求更高。

（2）智能变电站投运后再上新间隔或新设备时，应注意与时钟同步系统的匹配。有的新设备投运时，与原智能变电站投运间隔时间长达几年，新设备出厂时配置的时钟精度若不匹配的话（新设备时钟采样精度较高），较易出现新设备时钟采样异常的故障。

（3）智能变电站对时钟同步系统的要求很高，对应同步时钟柜的GPS、北斗卫星天线、接线应定期维护，检查其接触良好。运维中，GPS、北斗卫星时钟源可能受季节（特别是秋季）、天气情况影响，出现接收不到时间信号的情况，从而导致变电站层面的时钟采样故障，运维人员应根据情况，采取更换卫星天线、加强监控等多种方式应对。

第五章

模拟量采集运维差异化分析

500kV 及以上电压等级和 220kV 及以下电压等级的智能变电站模拟量采集的差异较大。在 500kV 及以上电压等级，每台断路器对应的电流互感器各配置 2 台合并单元，用于采集电流，安装于断路器（边断路器、中间断路器）智能控制柜内；线路、主变压器电压互感器各对应配置 2 台合并单元，安装在边断路器智能控制柜。在 220kV 及以下电压等级，除了母线合并单元外，其他间隔的合并单元均采集电流、电压，合并单元将采集到的电流、电压输出至各装置。

第一节　电压采集运维差异化分析

变电站除了常见的保护装置、测控装置、电能表进行电压采集，还有故障录波器、网络分析仪等也需要进行电压采集。智能变电站故障录波器、网络分析仪从站控层采集各电压等级母线及线路电压互感器的二次电压；常规变电站故障录波器从母线及线路、主变压器高压侧电压互感器引出测量电压（500kV 及以上）、从各电压等级的二次小母线引出测量电压（220kV 及以下）的二次测量电压。本节主要阐述变电站保护装置、测控装置、电能表的电压采集。

一、500kV 及以上电压等级电压采集的差异化

500kV 及以上电压等级，一般采用 3/2 接线方式，线路或变压器一般装设三相电容式电压互感器，母线一般装设单相电容式电压互感器，作为保护、测量等使用，

二次电压直接从电容式电压互感器二次侧引出，不需要进行电压并列和电压切换；500kV 及以上电压等级的电容式电压互感器不配置零序二次绕组，各保护装置多使用自产零序电压。所以，500kV 及以上电压等级的智能变电站与常规变电站，在电压采集上的差异主要体现在连接方式的不同。如图 5-1、图 5-2 所示，在智能变电站，电压互感器二次侧与合并单元之间采用二次电缆，合并单元至各装置之间采用光纤连接；在常规变电站中，电压互感器二次侧与各装置通过端子箱采用二次电缆连接。

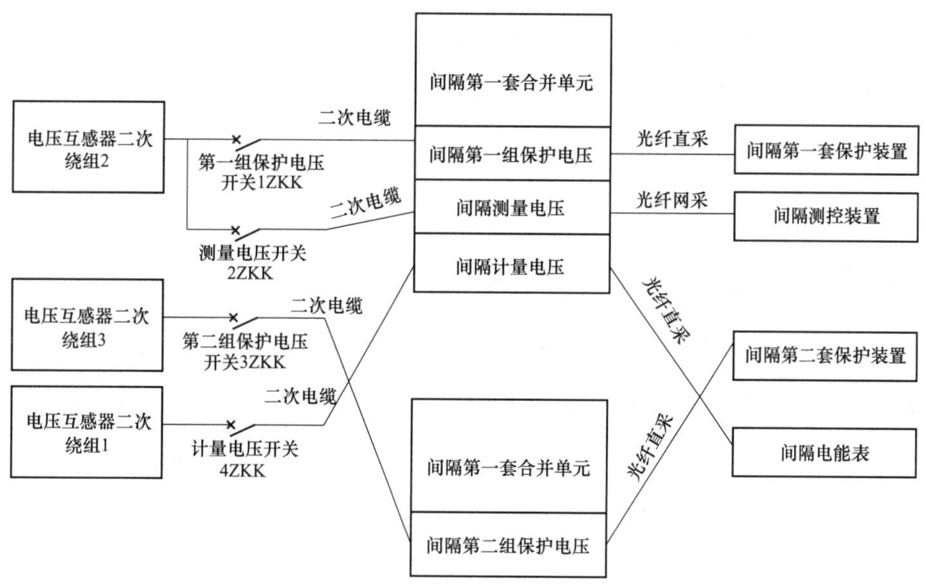

图 5-1　智能变电站某 500kV 线路间隔二次电压接线示意图

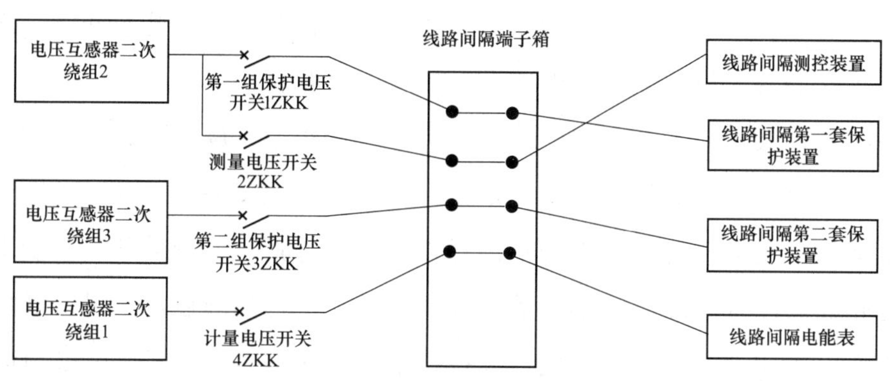

图 5-2　常规变电站某 500kV 线路间隔二次电压接线示意图

二、220kV 及以下电压等级电压采集的差异化

220kV 及以下电压等级，若采用双母线接线（包含双母单分段、双母双分段）或单母分段接线的方式，可以进行电压并列（电压并列是指两段母线一次并列后的二次电压并列）。采用双母线接线（包含双母单分段、双母双分段）的方式，需要进行电压切换（电压切换是指双母线接线的间隔按照Ⅰ母、Ⅱ母隔离开关的位置接入相应母线上的电压互感器电压）；采用单母线接线（包含单母分段接线，即固定连接方式），不需要进行电压切换，其各装置直接从电压互感器二次小母线上接入相关的二次电压。在 220kV 及以下的电压等级，其典型的接线方式有 220kV 双母线接线、110kV 双母线接线、110kV 单母分段接线，其中 220、110kV 双母线接线基本类似，以下将阐述 220kV 双母线接线、110kV 单母分段接线方式电压采集的差异。

（一）220kV 双母线接线方式电压采集的差异

1. 智能变电站某 220kV 双母线接线方式下的电压采集与电压并列

智能变电站二次电压从电压互感器的二次绕组引出，通过二次电缆连接至对应智能控制柜的母线合并单元，Ⅰ母、Ⅱ母的第一组保护电压、测量电压（第一组保护电压、测量电压常共用一个二次绕组）、计量电压接入第一套母线合并单元，Ⅰ母、Ⅱ母的第二组保护电压接入第二套母线合并单元，零序电压并接接入第一套、第二套母线合并单元，从源头上将Ⅰ母、Ⅱ母电压互感器的二次电压分开；二次电压经第一套、第二套母线合并单元后，从第一套、第二套母线合并单元引出至各间隔的一套、第二套合并单元，各间隔的第一套、第二套合并单元通过光纤将二次电压送至对应的保护装置、测控装置、电能表，如图 5-3 所示。

图 5-3 中，当Ⅰ母、Ⅱ母并列运行时，母联断路器、母联回路Ⅰ母侧、Ⅱ母侧隔离开关均为合位，辅助触点 DL1、DL2、G1_1、G1_2、G2_1、G2_2 闭合，具备电压并列条件。当电压并列把手 QK 位置转动至Ⅰ母强制Ⅱ母或Ⅱ母强制Ⅰ母时，QK 内的硬触点接通，根据表 5-1 的并列处理逻辑进行处理后，Ⅰ母、Ⅱ母电压互感器合并单元输出二次电压。当电压并列把手 QK 转动至时Ⅰ母强制Ⅱ母时，依据表 5-1 的并列逻辑，Ⅰ母电压电压输出幅值及相位同Ⅱ母电压；当电压并列把手 QK

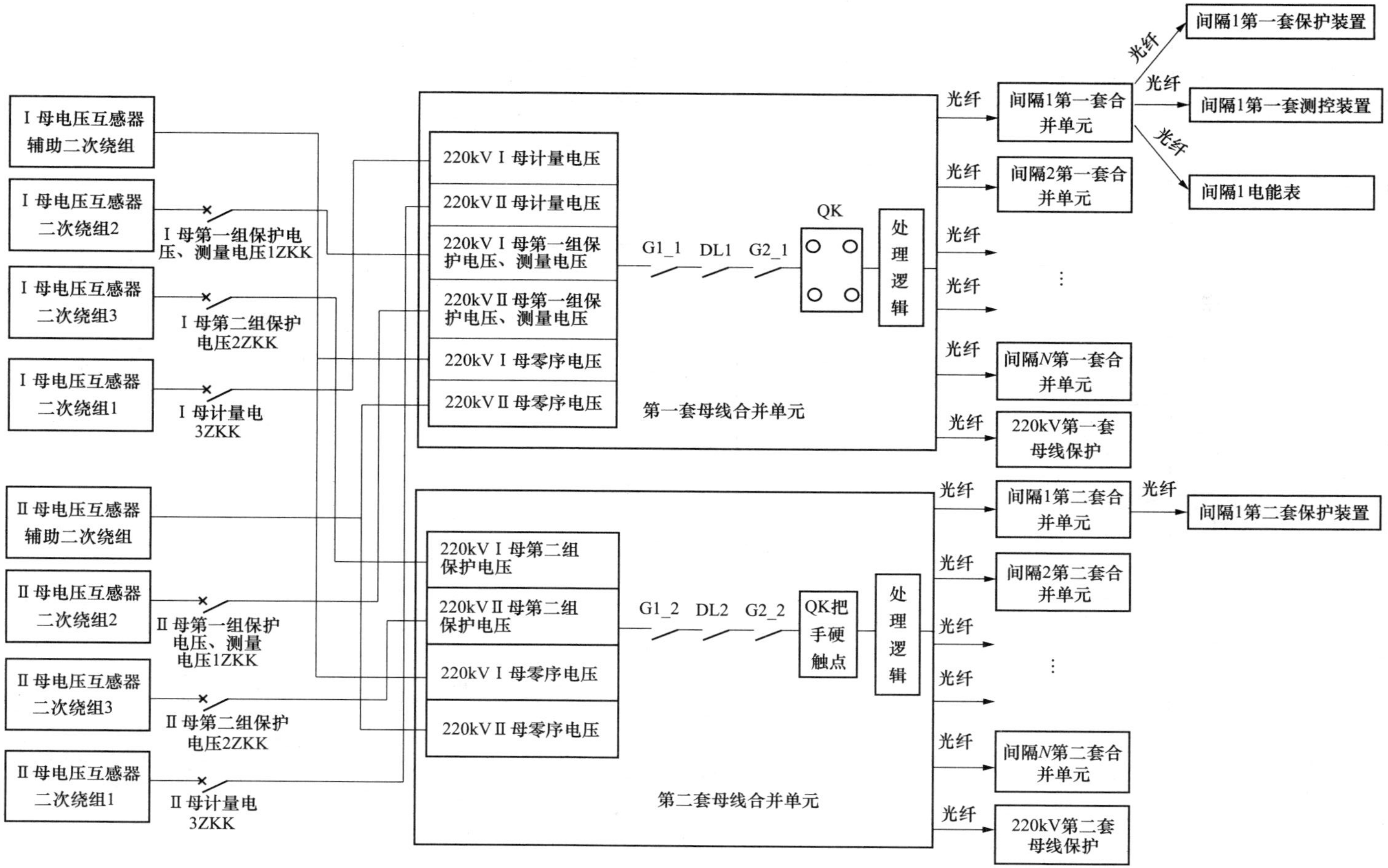

Ⅰ母电压互感器辅助二次绕组
Ⅰ母电压互感器二次绕组2
Ⅰ母第一组保护电压、测量电压1ZKK
Ⅰ母电压互感器二次绕组3
Ⅰ母第二组保护电压2ZKK
Ⅰ母电压互感器二次绕组1
Ⅰ母计量电3ZKK
Ⅱ母电压互感器辅助二次绕组
Ⅱ母电压互感器二次绕组2
Ⅱ母第一组保护电压、测量电压1ZKK
Ⅱ母电压互感器二次绕组3
Ⅱ母第二组保护电压2ZKK
Ⅱ母电压互感器二次绕组1
Ⅱ母计量电3ZKK

220kVⅠ母计量电压
220kVⅡ母计量电压
220kVⅠ母第一组保护电压、测量电压
220kVⅡ母第一组保护电压、测量电压
220kVⅠ母零序电压
220kVⅡ母零序电压
G1_1　DL1　G2_1
QK
处理逻辑
第一套母线合并单元

220kVⅠ母第二组保护电压
220kVⅡ母第二组保护电压
220kVⅠ母零序电压
220kVⅡ母零序电压
G1_2　DL2　G2_2
QK把手硬触点
处理逻辑
第二套母线合并单元

光纤
间隔1第一套合并单元
间隔2第一套合并单元
间隔N第一套合并单元
220kV第一套母线保护
间隔1第一套保护装置
间隔1第一套测控装置
间隔1电能表
间隔1第二套合并单元
间隔2第二套合并单元
间隔N第二套合并单元
220kV第二套母线保护
间隔1第二套保护装置

图 5-3　智能变电站某 220kV 间隔二次电压接线示意图

QK—二次电压并列切换把手，安装在Ⅰ母电压互感器合并单元，通过二次电缆连接到Ⅱ母电压互感器合并单元，为Ⅱ母电压互感器合并单元硬开入触点；DL1、DL2—母联断路器的辅助触点；G1_1、G1_2—母联回路Ⅰ母侧隔离开关的辅助触点；G2_1、G2_2—母联回路Ⅱ母侧隔离开关的辅助触点，分别取自母联间隔第一套智能单元、第二套智能单元；1ZKK、2ZKK、3ZKK—二次电压空气开关，均在电压互感器合并单元所在的智能终端柜内

转动至时Ⅱ母强制Ⅰ母时，Ⅱ母电压电压输出幅值及相位同Ⅰ母电压。两套母线合并单元共用第一套母线合并单元的QK电压并列切换把手；第二套母线合并单元通过二次电缆接入QK电压并列切换把手，与第一套母线合并单元共同进行二次电压并列、解列操作。

表5-1　智能变电站某220kV二次电压并列处理逻辑

序号	QK（切换把手位置）		母联、两侧隔离开关位置	Ⅰ母电压输出	Ⅱ母电压输出
	Ⅰ母强制用Ⅱ母	Ⅱ母强制用Ⅰ母			
1	0	1	均合位	Ⅰ母	Ⅰ母
2	0	1	任一分位	Ⅰ母	Ⅱ母
3	1	0	均合位	Ⅱ母	Ⅱ母
4	1	0	任一分位	Ⅰ母	Ⅱ母
5	1	1	均合位	保持	保持
6	1	1	任一分位	Ⅰ母	Ⅱ母

注：切换把手位置为1表示该把手位于合位，为0表示该把手位于分位。

智能变电站采用的母线合并单元将电压模拟量转换为数字量输出，其并列逻辑为数字量，不存在二次电压反充电问题，故其并列不需要采集母线电压互感器隔离开关位置。部分早期投运的智能变电站仍采母线电压互感器隔离开关位置，但后续投运的智能变电站的母线电压互感器二次电压并列回路，基本已取消母线电压经对应母线电压互感器隔离开关位置切换输出的逻辑。

2. 常规变电站某220kV双母线接线方式下的电压采集与电压并列

常规变电站二次电压从电压互感器的二次绕组引出，通过Ⅰ母电压互感器端子箱、Ⅱ母电压互感器端子箱，如图5-4所示，当Ⅰ母、Ⅱ母电压互感器隔离开关推上后，Ⅰ母、Ⅱ母电压互感器回路的1G、2G辅助触点闭合，重动继电器1GWJ、2GWJ励磁。图5-5中对应继电器的辅助触点1GWJ、2GWJ闭合，Ⅰ母、Ⅱ母电压送至Ⅰ母、Ⅱ母电压小母线。各间隔对应的保护装置、测控装置、电能表，从对应Ⅰ母、Ⅱ母电压小母线上引出电压，如图5-5所示。

在两段母线并列运行时，如图5-4所示，母联断路器及两侧隔离开关合位，对应辅助触点1G、2G、DL闭合；当需要二次电压并列时，合上BK，对应触点1、3

闭合，回路接通，电压互感器切换继电器 ZJ1、ZJ2 励磁。图 5-5 中的电压互感器切换继电器辅助触点闭合，ZJ1、ZJ2 闭合，Ⅰ母、Ⅱ母二次电压并列。

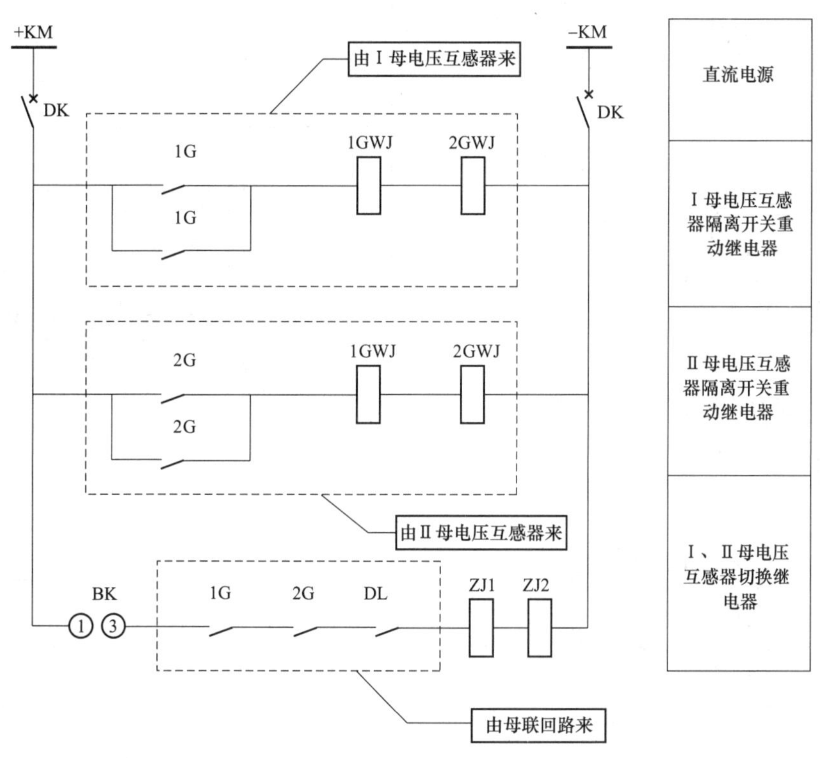

图 5-4　常规变电站某 220kV 间隔二次电压并列示意图

DK—电压并列装置的直流电源开关；BK—电压并列把手；ZJ1、ZJ2—电压互感器切换继电器；1GWJ、2GWJ—Ⅰ母、Ⅱ母电压互感器隔离开关重动继电器；Ⅰ母、Ⅱ母电压互感器的1G、2G—对应隔离开关的辅助触点；母联回路的 1G、2G、DL—母联间隔的Ⅰ母侧、Ⅱ母侧隔离开关的辅助触点，断路器的辅助触点

3. 智能变电站 220kV 双母线接线方式下某间隔的电压切换

220kV 各间隔均配置双套保护、双套合并单元、独立的测控装置，电压切换如图 5-6 所示。当间隔 1 的Ⅰ母、Ⅱ母隔离开关合上后，间隔 1 第一套合并单元、第二套合并单元对应的间隔 1Ⅰ母、Ⅱ母隔离开关辅助触点闭合。有两种实现方式，第一种方式，间隔 1Ⅰ母、Ⅱ母隔离开关位置通过二次电缆硬接线开入到对应合并单元中；第二种方式，间隔 1Ⅰ母、Ⅱ母隔离开关位置通过二次电缆硬接线开入至对应的智能终端，经组网光纤至间隔过程层交换机，发送至对应的合并单元，进而完成间隔内母线电压的切换。

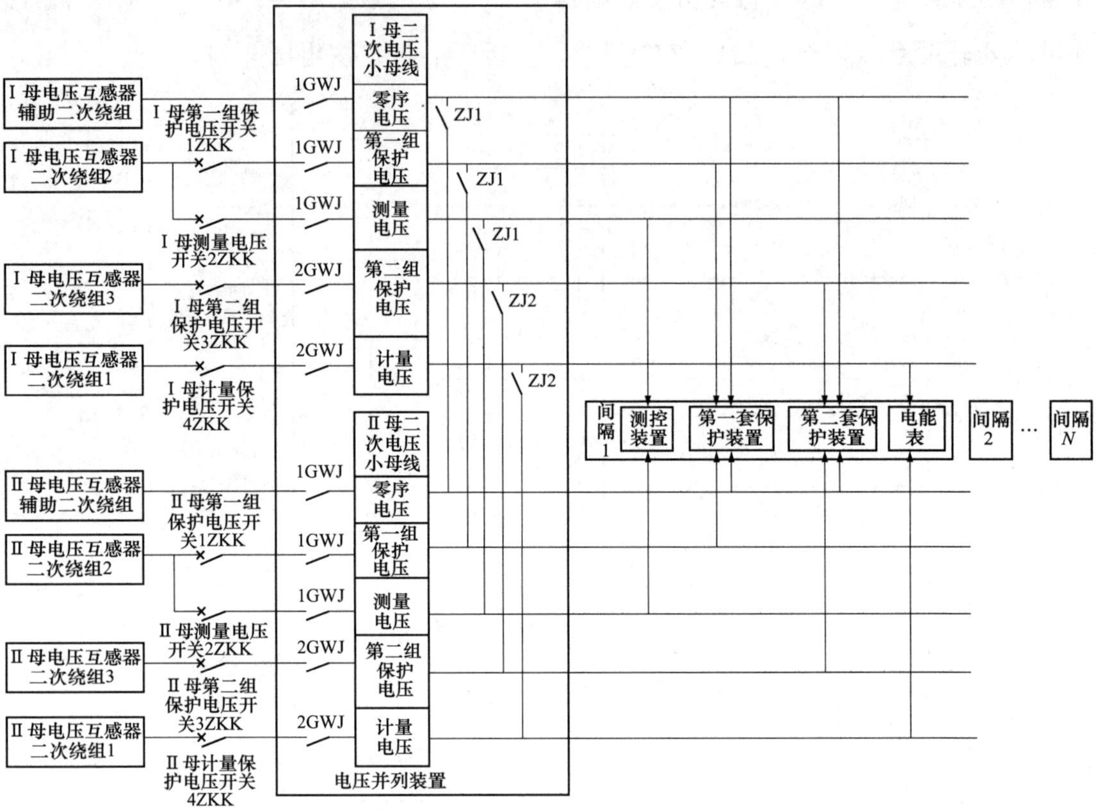

图 5-5　常规变电站某 220kV 间隔二次电压接线示意图

1GWJ、2GWJ—Ⅰ母、Ⅱ母电压互感器隔离开关重动继电器的辅助触点；

ZJ1、ZJ2—电压互感器切换继电器的辅助触点

经过表 5-2 的处理逻辑处理后，将切换后的二次电压通过光纤输出至各装置。在Ⅰ母、Ⅱ母隔离开关合位均处于合位时，切换后的电压仅取Ⅰ母电压，未形成在间隔内的二次电压并列。

表 5-2　　智能变电站某 220kV 间隔二次电压切换处理逻辑

Ⅰ母隔离开关	Ⅱ母隔离开关	切换后电压	备注
合	分	Ⅰ母电压	
分	合	Ⅱ母电压	
合	合	Ⅰ母电压	
分	分	空	输出电压为 0

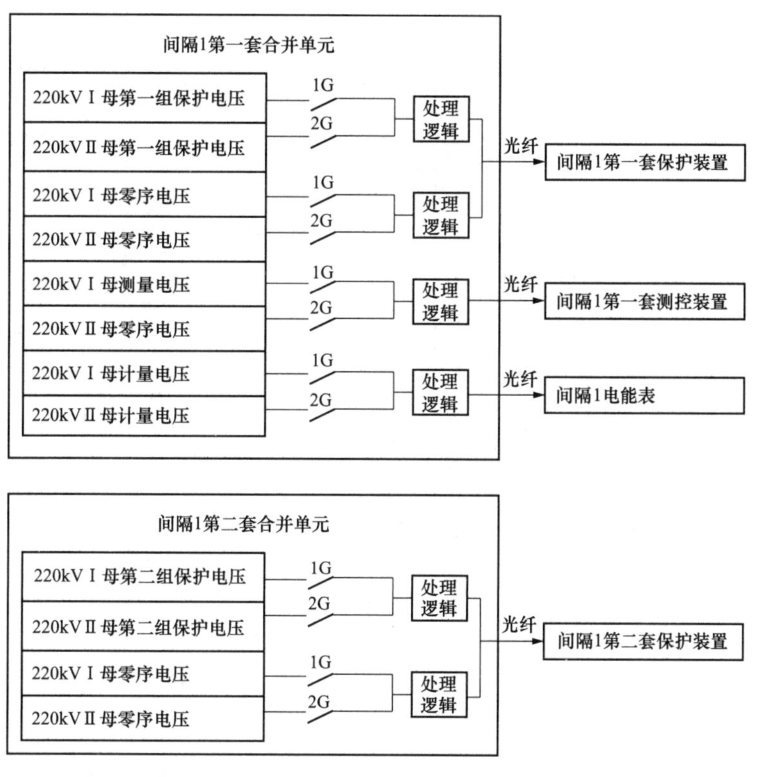

图 5-6　智能变电站某 220kV 间隔二次电压切换示意图

1G、2G—间隔 1 Ⅰ母、Ⅱ母隔离开关辅助触点

4. 常规变电站 220kV 双母线接线方式下某间隔的电压切换

220kV 间隔的第一组保护电压、第二组保护电压、测量电压、零序电压、计量电压的切换与采集原理一致，其中测量电压是经保护柜中的电压切换装置进行电压切换后接入测控装置的。以第一组保护电压为例进行阐述，如图 5-7 所示。

在图 5-7 中，2DK、1ZKK 处于合位，当一次设备 DL（断路器）、1G（间隔Ⅰ母隔离开关）、3G（间隔线路侧隔离开关）合位时，辅助触点 G1-1 闭合，Ⅰ母重动动作继电器 1YQJ1 励磁，对应的辅助触点 1YQJ1 闭合；辅助触点 G2-2 闭合，Ⅱ母重动复归继电器 2YQJ1 励磁，确保对应的辅助触点 2YQJ1 打开；Ⅰ母的二次电压进入第一套保护装置。当 1G（间隔Ⅰ母隔离开关）、2G（间隔Ⅱ母隔离开关）隔离开关均处于合位时，对应的辅助触点 G1-1、G2-1 闭合，G1-2、G2-2 打开，Ⅰ母、Ⅱ母重动动作继电器 1YQJ1、2YQJ1 励磁，对应的辅助触点 1YQJ1、2YQJ1 闭合，Ⅰ母、Ⅱ母第一组保护电压在间隔内并列。

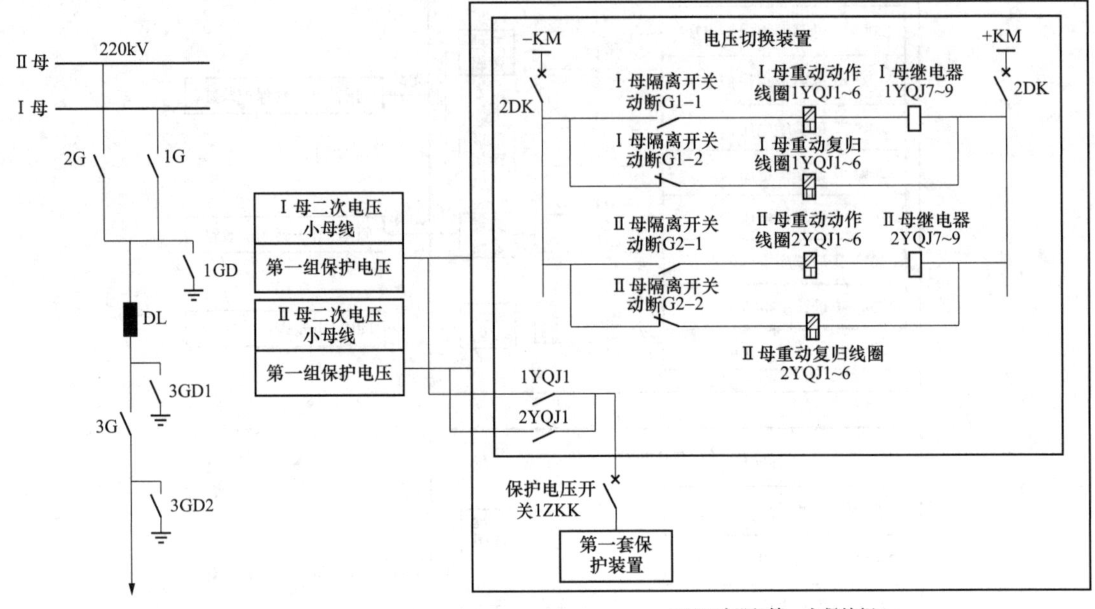

图 5-7　常规变电站某 220kV 间隔二次电压切换示意图

2DK—电压切换装置电源开关

（二）110kV 单母分段接线方式电压采集的差异

110kV 单母分段接线方式电压采集为固定连接式，即Ⅰ母、Ⅱ母的各装置固定采集对应母线电压互感器的二次电压，不用进行电压切换，仅进行电压采集与电压并列。

1. 智能变电站某 110kV 单母分段接线方式的电压采集与电压并列

智能变电站某 110kV 单母分段接线方式下，一般Ⅰ母、Ⅱ母仅配置一个电压互感器合并单元，即第一套母线合并单元，Ⅰ母、Ⅱ母电压互感器引出的二次电压均接入此合并单元中。其电压采集及电压并列，如图 5-8 所示。

图 5-8 中，当Ⅰ母、Ⅱ母并列运行时，母联断路器、母联回路Ⅰ母侧、Ⅱ母侧隔离开关均为合位，辅助触点 DL、G1、G2 闭合，具备电压并列条件。当电压并列切换把手 QK 位置转动至Ⅰ母强制Ⅱ母或Ⅱ母强制Ⅰ母时，QK 内的硬触点接通，根据表 5-1 的并列处理逻辑进行处理后，Ⅰ母、Ⅱ母电压互感器合并单元输出二次电压。当电压并列把手 QK 转动至时Ⅰ母强制Ⅱ母时，依据表 5-1 的并列逻辑，Ⅰ母电压电压输出幅值及相

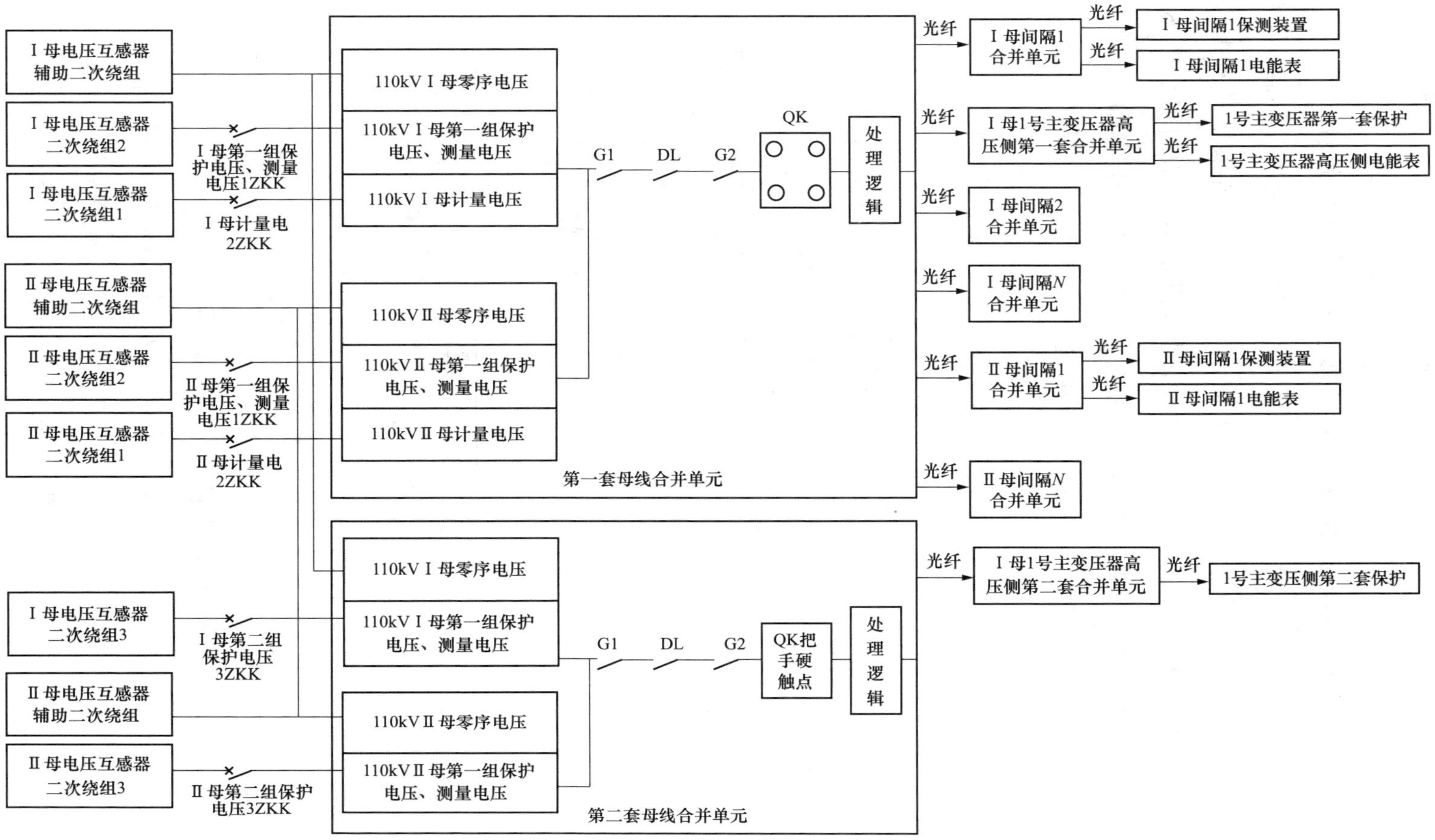

图 5-8 智能变电站某 110kV 间隔二次电压接线示意图

QK—二次电压并列切换把手；DL—母联断路器的辅助触点；G1、G1—母联回路Ⅰ母侧、Ⅱ母侧隔离开关的辅助触点；1ZKK、2ZKK、3ZKK—Ⅰ母、Ⅱ母电压互感器二次电压空气开关，均在Ⅰ母电压互感器合并单元所在的智能终端柜内

位同Ⅱ母电压；当电压并列把手 QK 转动至时Ⅱ母强制Ⅰ母时，Ⅱ母电压电压输出幅值及相位同Ⅰ母电压。

2. 常规变电站某 110kV 单母分段接线方式的电压采集与电压并列

常规变电站二次电压从电压互感器的二次绕组引出，通过Ⅰ母电压互感器端子箱、Ⅱ母电压互感器端子箱，如图 5-9 所示。当Ⅰ母、Ⅱ母电压互感器隔离开关推上后，Ⅰ母、Ⅱ母电压互感器回路的 1G、2G 辅助触点闭合，重动继电器 1GWJ 励磁。图 5-10 中对应继电器的辅助触点 1GWJ 闭合，Ⅰ母、Ⅱ母电压送至Ⅰ母、Ⅱ母电压小母线。各间隔对应的保护装置、测控装置、电能表，从对应Ⅰ母、Ⅱ母电压小母线上引出电压，如图 5-10 所示。

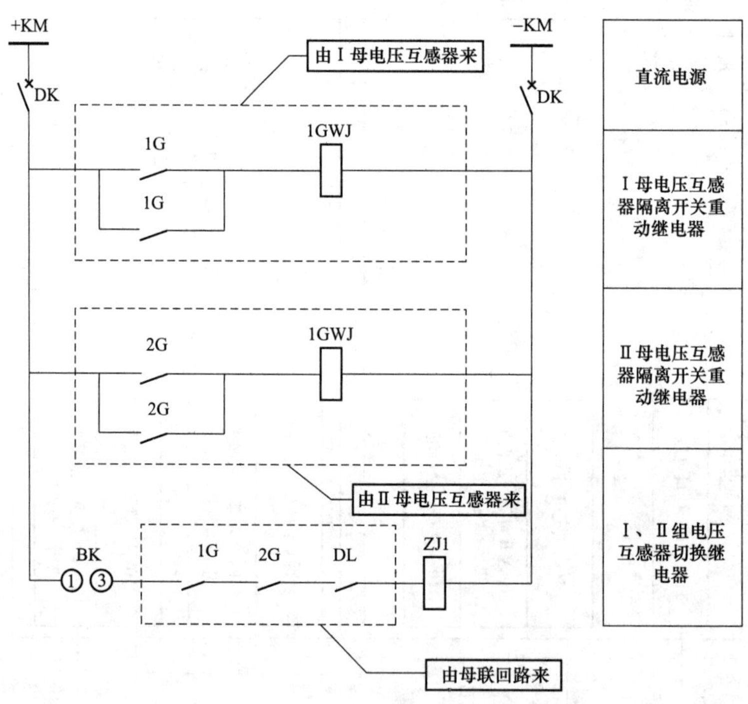

图 5-9 常规变电站某 110kV 间隔二次电压并列示意图

DK—电压并列装置的直流电源开关；BK—电压并列把手；ZJ1—电压互感器切换继电器；1GWJ—Ⅰ母、Ⅱ母电压互感器隔离开关重动继电器；Ⅰ母、Ⅱ母电压互感器的 1G、2G—对应隔离开关的辅助触点；母联回路的 1G、2G、DL—母联间隔的Ⅰ母侧、Ⅱ母侧隔离开关的辅助触点，断路器的辅助触点

在两段母线并列运行时，如图 5-9 所示，母联断路器及两侧隔离开关合位，对应辅助触点 1G、2G、DL 闭合；当需要二次电压并列时，合上 BK，对应触点 1、3 闭合，回路接通，电压互感器切换继电器 ZJ1、ZJ2 励磁。图 5-10 中的电压互感器切换继电器辅助触点闭合，ZJ1、ZJ2 闭合，Ⅰ母、Ⅱ母二次电压并列。

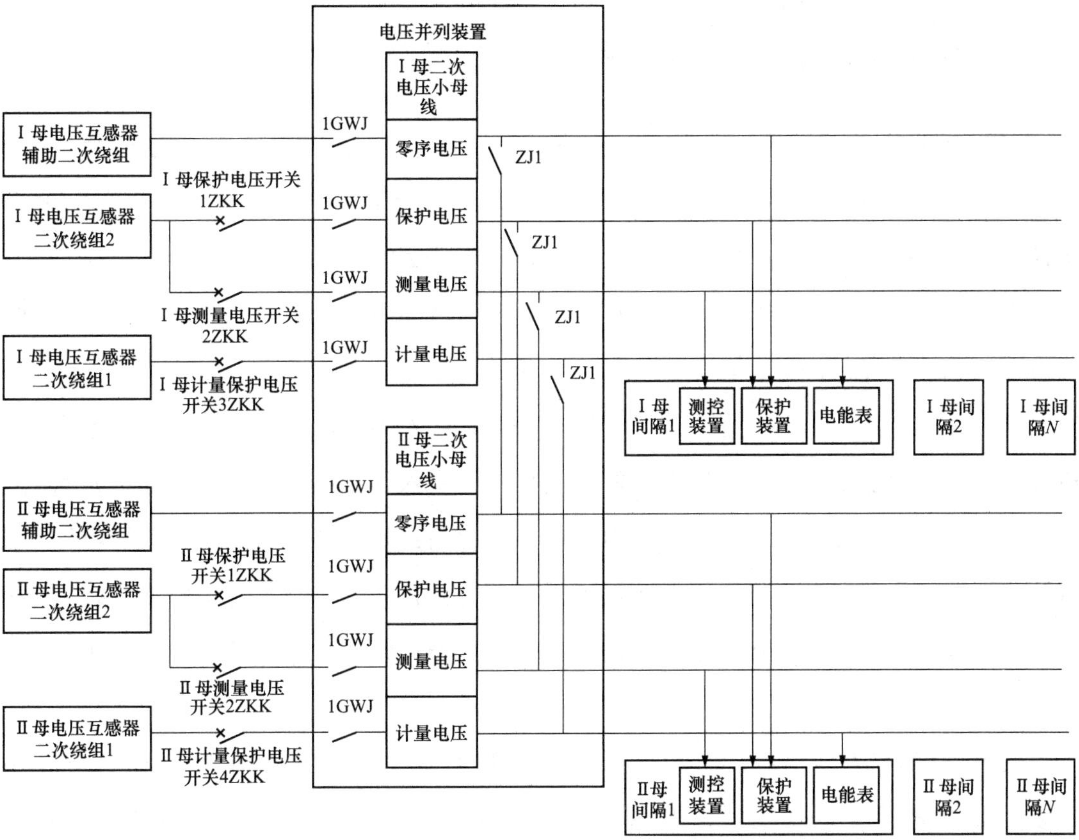

图 5-10　常规变电站某 110kV 间隔二次电压接线示意图

1GWJ—Ⅰ母、Ⅱ母电压互感器隔离开关重动继电器的辅助触点；

ZJ1—电压互感器切换继电器的辅助触点

（三）差异化比较分析

（1）智能变电站在进行二次电压并列、电压切换时，两段母线二次电压未实际并列，不存在反充电的可能，较常规变电站二次电压并列、电压切换时两段母线电压实际并列来说，安全性有了很大的提升。

（2）双母线接线下的智能变电站，其Ⅰ母、Ⅱ母第一组保护电压、测量电压、计量电压接入第一套母线合并单元，Ⅰ母、Ⅱ母第二组保护电压接入第二套母线合并单元，Ⅰ母、Ⅱ母零序电压接入第一套、第二套母线合并单元（采用并接方式），与常规变电站接入方式不同。

三、智能变电站电压采集运维注意事项

（1）500kV 及以上电压等级中，线路及变压器高压侧、母线均有对应的三相或单相电压互感器，各装置电压通过电压合并单元取自对应电压互感器，不涉及电压切换、电压并列，在电压回路上比较清晰、简单。220kV 及以下电压等级中，由于各元件的电压通过对应的合并单元取自母线合并单元，常涉及电压切换及电压并列，电压回路较复杂，需要认真进行掌握。

（2）在双母线接线方式下，110kV 电压等级，接入第一套母线合并单元的电压空开随合并单元配置在Ⅰ母电压互感器智能控制柜内，接入Ⅱ母电压互感器合并单元的电压空开随合并单元配置在Ⅱ母电压互感器智能控制柜内；220kV 电压等级，Ⅰ母电压互感器二次绕组空开配置在Ⅰ母电压互感器智能控制柜内，Ⅱ母母电压互感器二次绕组空开配置在Ⅱ母母电压互感器智能控制柜内。在运维操作、维护、异常处理中，应明确二次空开位置，确保无误。

（3）在 220kV 及以下电压等级的智能变电站中，母线电压互感器合并单元是变电站电压采集的核心，应掌握其信息流向，明细其运维重点及异常时的处理方法。

第二节　电流采集运维差异化分析

由于 500kV 及以上电压等级一般采用 3/2 接线，电流采集与 220kV 及以下电压等级差异较大，因此分别进行阐述。智能变电站与常规变电站多采用常规一次设备，在电流互感器二次绕组的配置上基本一致，差异集中如何将电流从电流互感器的二次绕组采集到各装置上。500kV 及以上电压等级电流互感器二次绕组的配置一般是

6 个，准确级分别为 TPY、5P20、0.2S 级，分别用于保护、计量及测量装置；220kV 及以下电压等级电流互感器二次绕组的配置一般是 3～7 个，准确级分别为 1～4 个 P 级、1 个 0.5 级、1 个 0.2S 级，分别用于保护、计量及测量装置。

一、500kV 及以上电压等级电流采集的差异化

500kV 及以上电压等级电流采集，选取典型的 500kV 线路变压器串（简称线变串）、500kV 变压器的电流采集来进行阐述。

（一）500kV 线变串电流采集差异

1. 某 500kV 智能变电站线变串电流采集

如图 5-11 所示，主变压器保护（线路保护）、母线保护、故障录波均采样自一个二次绕组。线变串 3 台断路器对应 3 个智能控制柜，每个柜内配置 2 台独立的电流合并单元，从电流互感器到智能控制柜采用二次电缆连接，从智能控制柜到各保护、测控、电能表、故障录波装置通过光纤直采或网采来实现。

2. 某 500kV 常规变电站线变串电流采集

如图 5-12 所示，主变压器保护（线路保护）、母线保护均采样自不同的二次绕组。线变串 3 台断路器对应 3 个端子箱，从电流互感器到各保护、测控、电能表、故障录波装置均采用二次电缆连接。

（二）500kV 主变压器中压侧、低压侧、本体的电流采集差异

1. 某智能变电站 500kV 主变压器中压侧电流采集

如图 5-13 所示，主变压器保护、母线保护均采样自不同的二次绕组。断路器对应一个智能控制柜，柜内配置 2 台独立的合并单元（此合并单元既采集电压又采集电流）。从电流互感器到智能控制柜采用二次电缆连接，从智能控制柜到对应装置通过光纤直采或网采来实现。

2. 某常规变电站 500kV 主变压器中压侧电流采集

如图 5-14 所示，主变压器保护（线路保护）、母线保护均采样自不同的二次绕组。断路器对应一个端子箱，从电流互感器到各保护、测控、电能表、故障录波装置均采用二次电缆连接。

Ⅰ母 500kV
50511 505117
5051
主变保护Ⅰ、Ⅰ母线保护Ⅰ、故障录波Ⅰ TPY 1LH
主变保护Ⅱ、Ⅰ母线保护Ⅱ、故障录波Ⅱ TPY 2LH
断路器保护Ⅰ 5P20 3LH
断路器保护Ⅱ 5P20 4LH
测量、计量 0.2S 5LH
计量 0.2S 6LH
5051电流互感器
50512 505127
505167 1号主变压器
50521 505217
5052
主变保护Ⅰ、线路保护Ⅰ、故障录波Ⅰ TPY 1LH
主变保护Ⅱ、线路保护Ⅱ、故障录波Ⅱ TPY 2LH
断路器保护Ⅰ 5P20 3LH
断路器保护Ⅱ 5P20 4LH
测量、计量 0.2S 5LH
计量 0.2S 6LH
5052电流互感器
50522 505227
505367 ××线
50532 505327
5053
计量 0.2S 6LH
测量、计量 0.2S 5LH
断路器保护Ⅱ 5P20 4LH
断路器保护Ⅰ 5P20 3LH
线路保护Ⅱ、Ⅱ母线保护Ⅱ、故障录波Ⅱ TPY 2LH
线路保护Ⅰ、Ⅱ母线保护Ⅰ、故障录波Ⅰ TPY 1LH
5053电流互感器
50531 505317
Ⅱ母 500kV

5051第一套电流合并单元
5051第二套电流合并单元
500kV 5051智能控制柜
5052第一套电流合并单元
5052第二套电流合并单元
500kV 5052智能控制柜
5053第一套电流合并单元
5053第二套电流合并单元
500kV 5053智能控制柜

500kV Ⅰ母母线保护A
500kV Ⅰ母母线保护B
500kV 5051断路器保护A
500kV 5051断路器保护B
500kV 5051测控装置
500kV 1号主变压器高压侧电能表A
500kV 1号主变压器高压侧电能表B
500kV 1号主变压器保护A
500kV 1号主变压器保护B
A网故障录波器
500kV 5052断路器保护A
500kV 5052断路器保护B
500kV 5052测控装置
B网故障录波器
500kV ××线路保护A
500kV ××线路保护B
500kV ××线电能表A
500kV ××线电能表B
500kV 5053测控装置
500kV 5053断路器保护A
500kV 5053断路器保护B
500kV Ⅱ母母线保护A
500kV Ⅱ母母线保护B

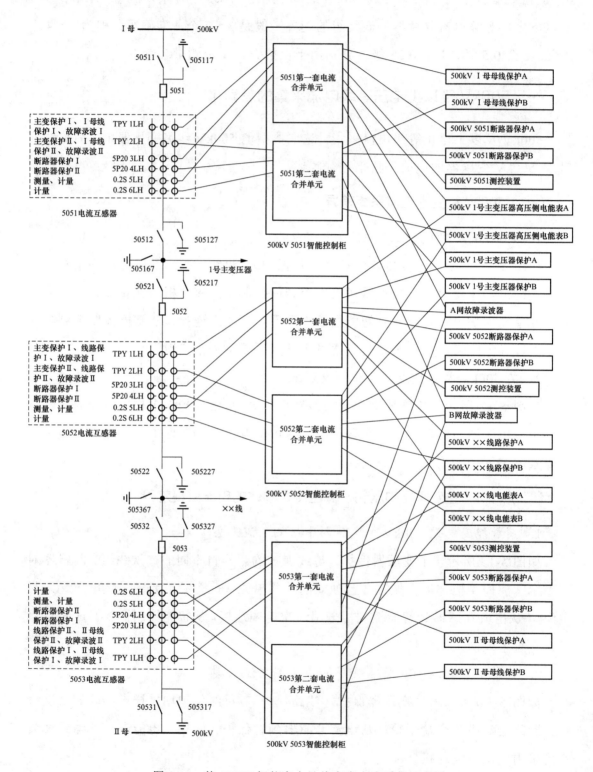

图 5-11 某 500kV 智能变电站线变串电流采集示意图

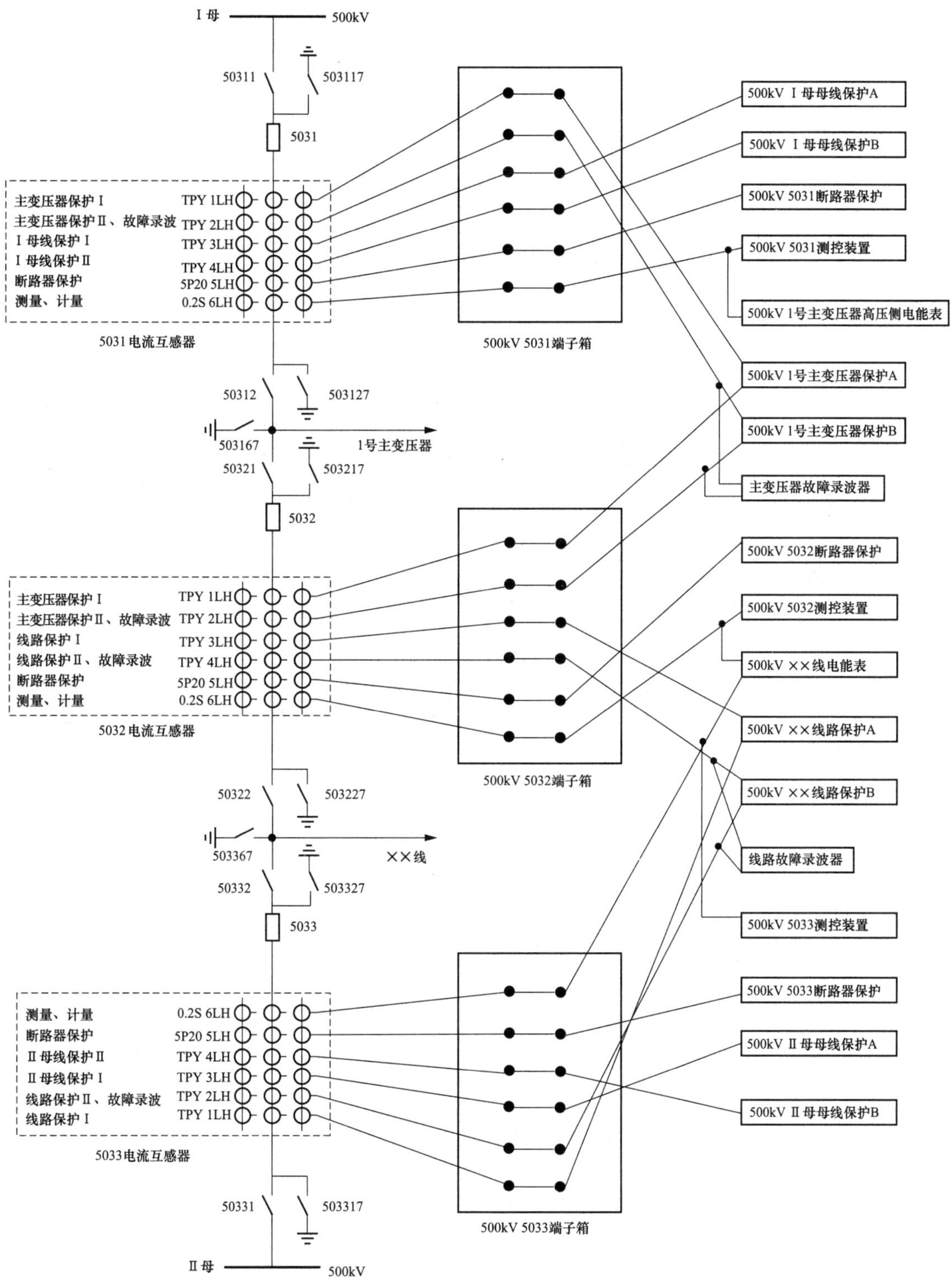

图 5-12 某 500kV 常规变电站线变串电流采集示意图

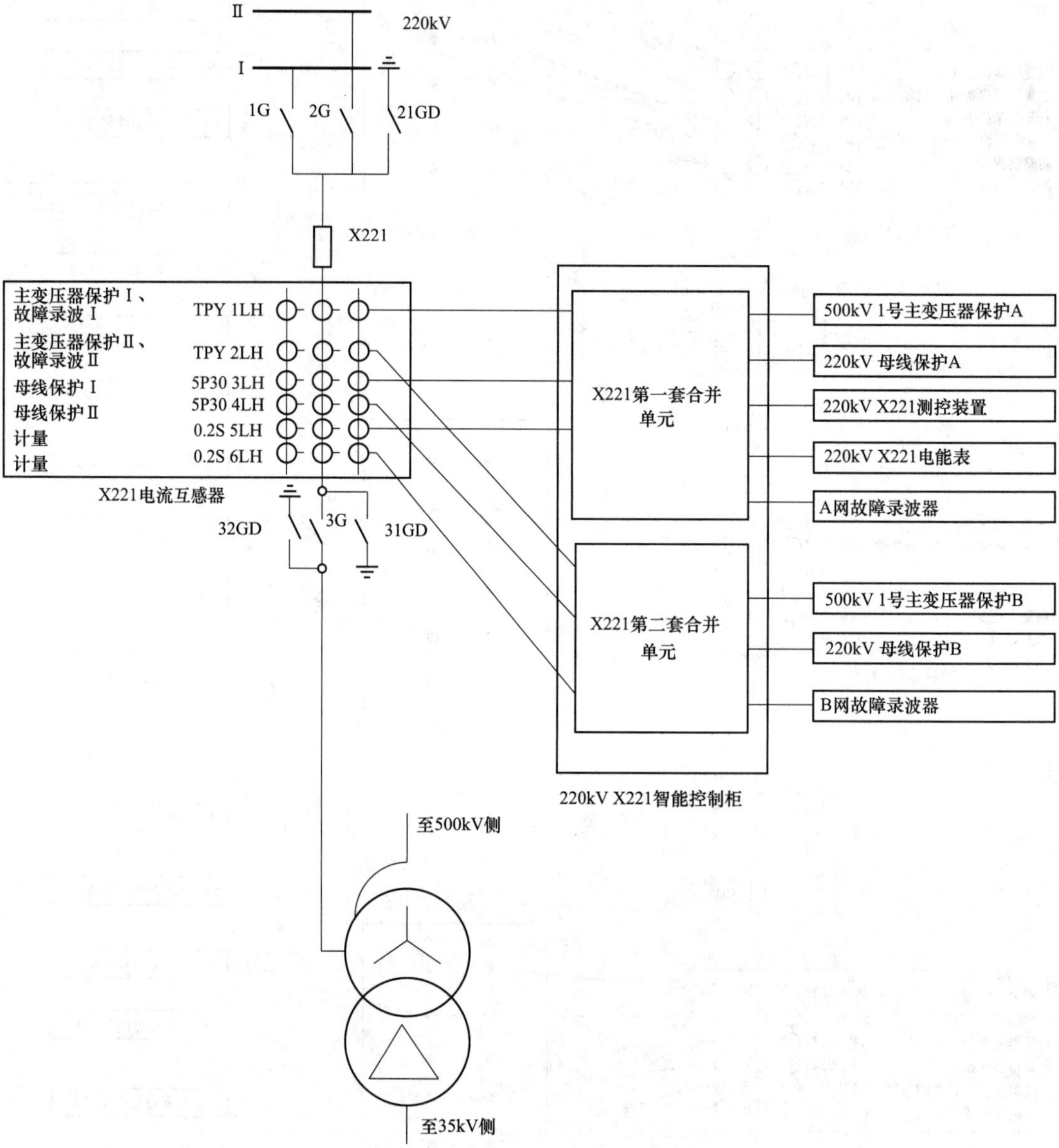

图 5-13　某 500kV 智能变电站主变压器中压侧电流采集示意图

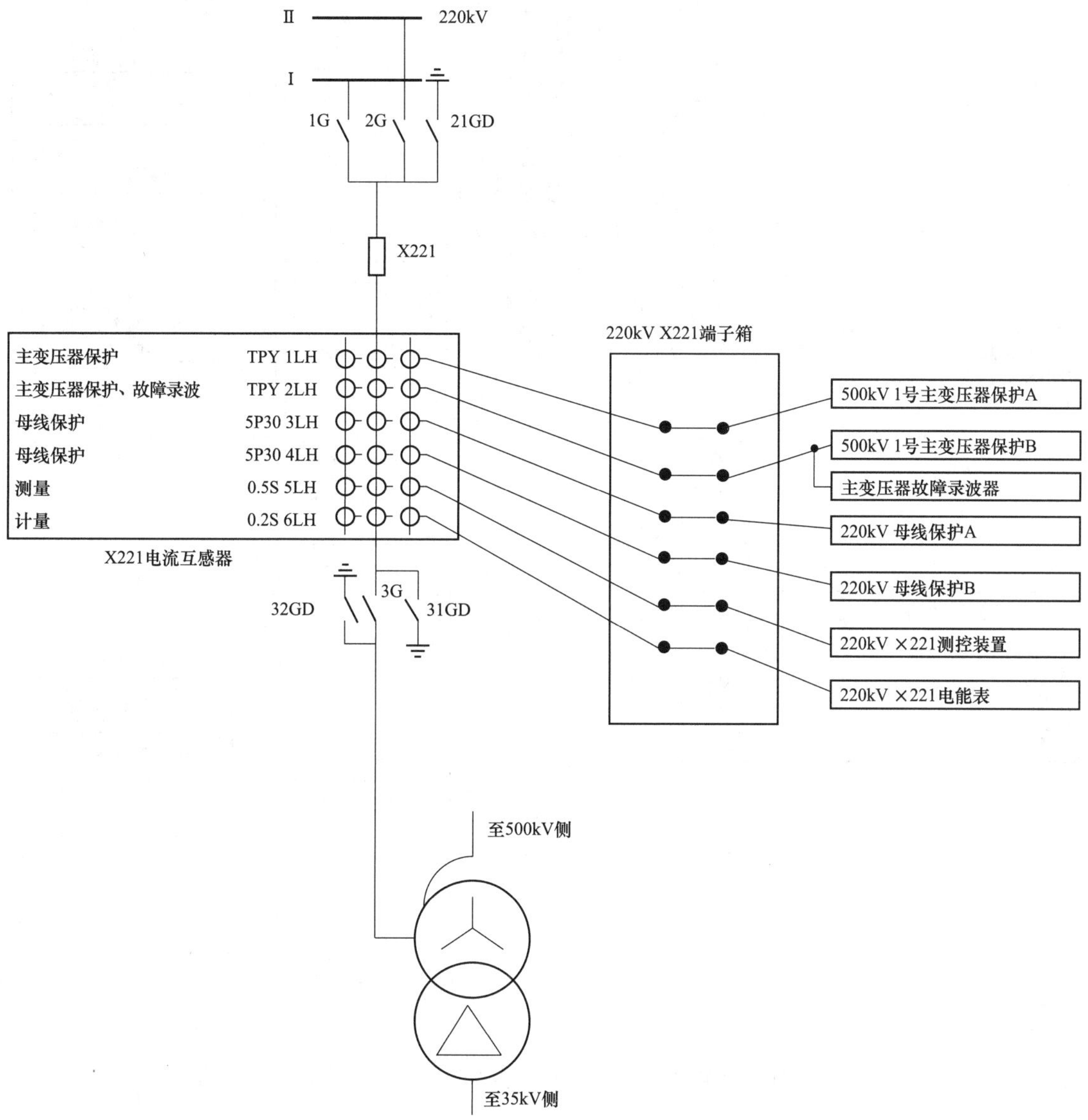

图 5-14　某 500kV 常规变电站主变压器中压侧电流采集示意图

3. 某智能变电站 500kV 主变压器本体、低压侧电流采集

如图 5-15 所示，主变压器本体、低压侧均对应一个智能控制柜，柜内配置 2 台独立的合并单元（此合并单元仅采集电流），分别送至各保护、测控、计量装置。从电流互感器到智能控制柜采用二次电缆连接，从智能控制柜到对应装置通过光纤直采或网采来实现。

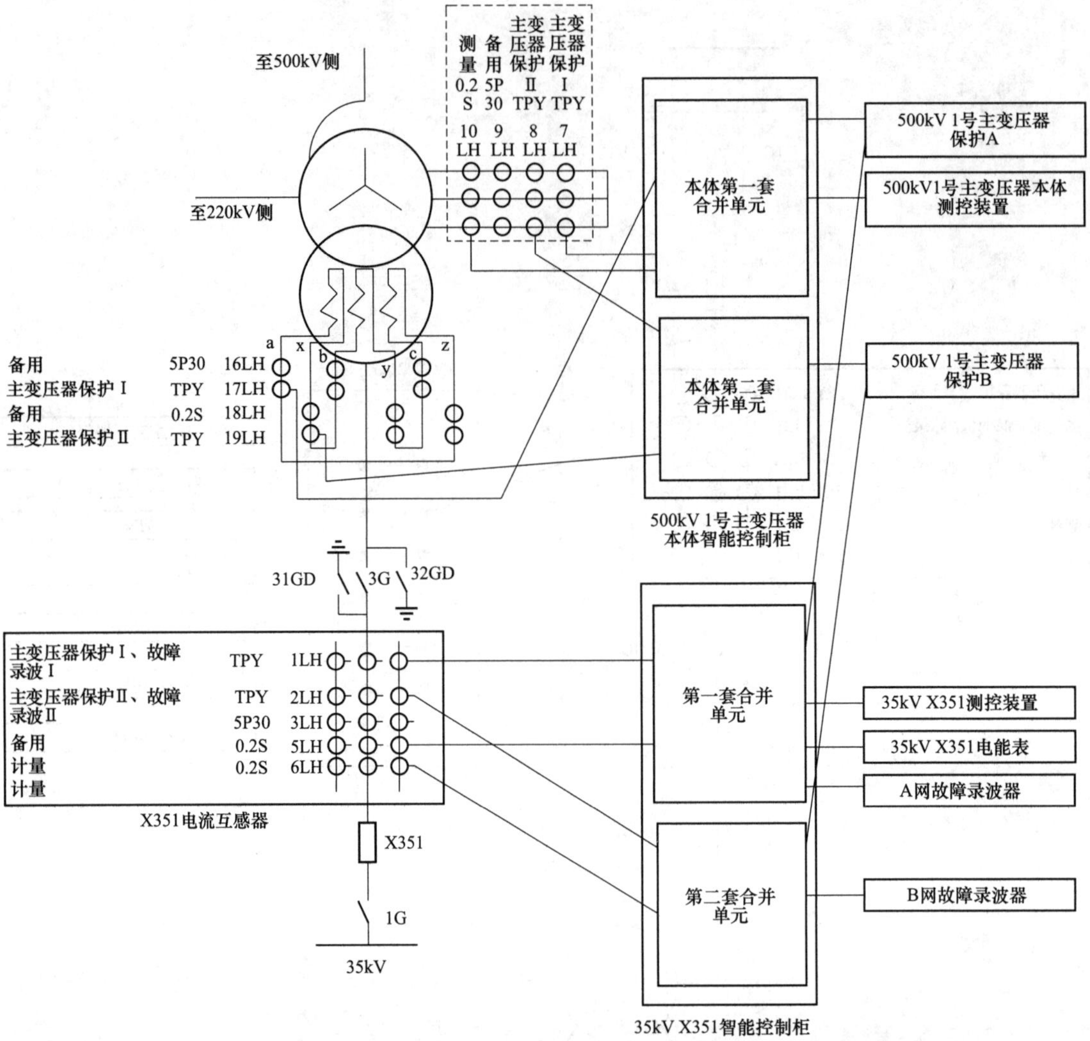

图 5-15 某 500kV 智能变电站主变压器本体、低压侧电流采集示意图

4. 某常规变电站 500kV 主变压器本体、低压侧电流采集

如图 5-16 所示，主变压器本体、低压侧均对应一个端子箱，从电流互感器到各保护、测控、电能表、故障录波装置均采用二次电缆连接。

二、220kV 及以下电压等级电流采集的差异化

选取典型的 220kV 变电站 220kV 线路间隔、220kV 变电站主变压器、110kV 变电站 110kV 线路间隔，来阐述 220kV 及以下电压等级电流采集的差异化。

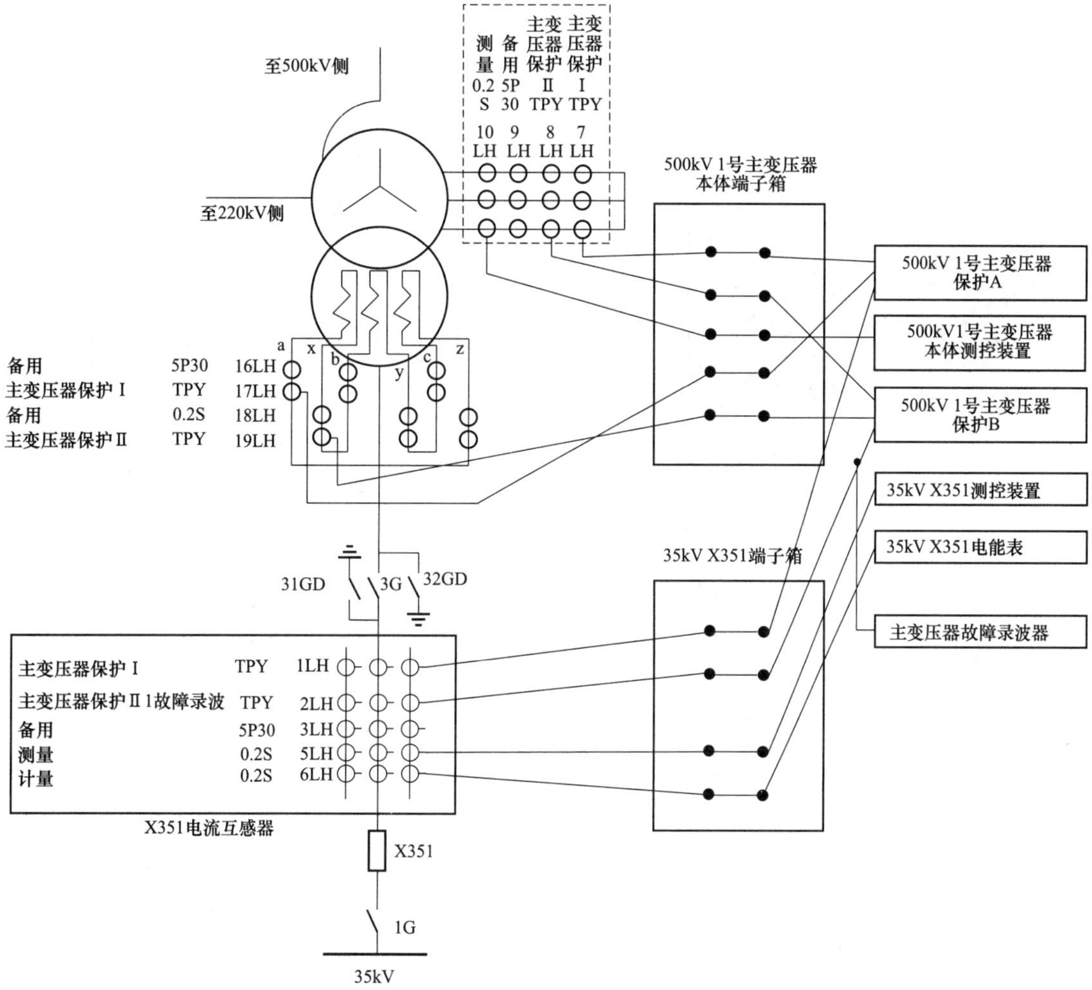

图 5-16　某 500kV 常规变电站主变压器本体、低压侧电流采集示意图

（一）220kV 变电站 220kV 线路间隔的电流采集差异

1. 某 220kV 智能变电站 220kV 线路间隔的电流采集

如图 5-17 所示，线路保护、母线保护、故障录波均采样自一个二次绕组。220kV 线路间隔均配置双套合并单元，从电流互感器到智能控制柜采用二次电缆连接，从智能控制柜到各保护、电能表、测控、故障录波装置通过光纤直采或网采来实现。

2. 某 220kV 常规变电站 220kV 线路间隔的电流采集

如图 5-18 所示，220kV 线路间隔的电流采集一般使用 6 个二次绕组，分别用于线路保护 1、线路保护 2、母线保护 1、母线保护 2、测量、计量（7 个二次绕组时，故障录波单独使用一个二次绕组），均通过二次电缆连接。

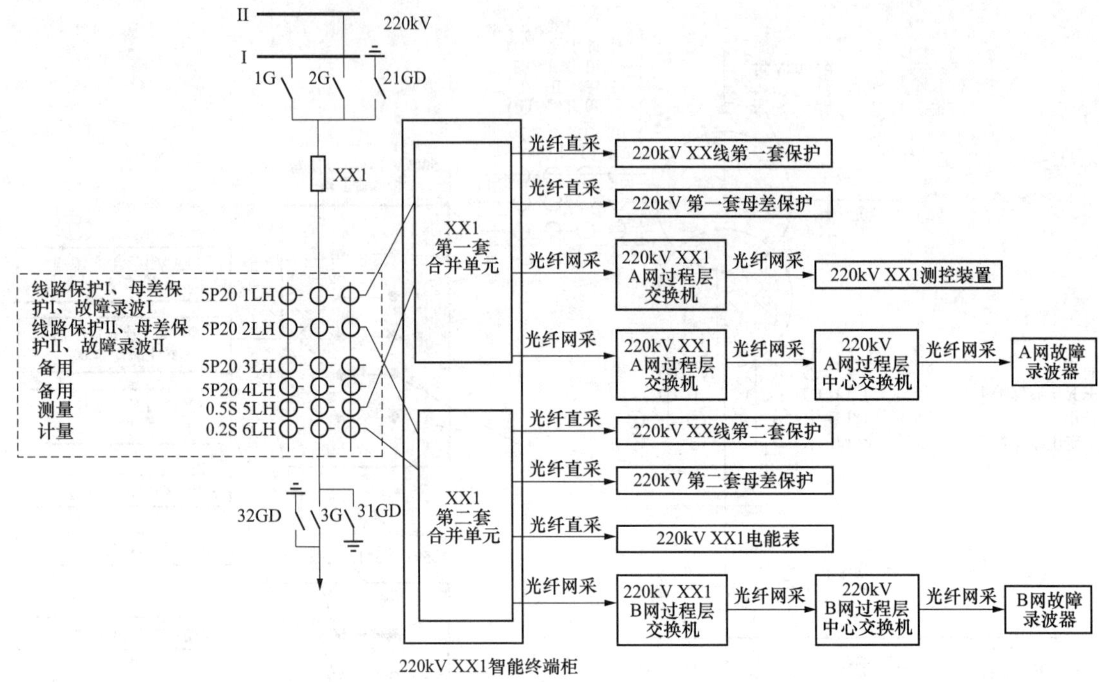

图 5-17 某 220kV 智能变电站 220kV 线路间隔电流采集示意图

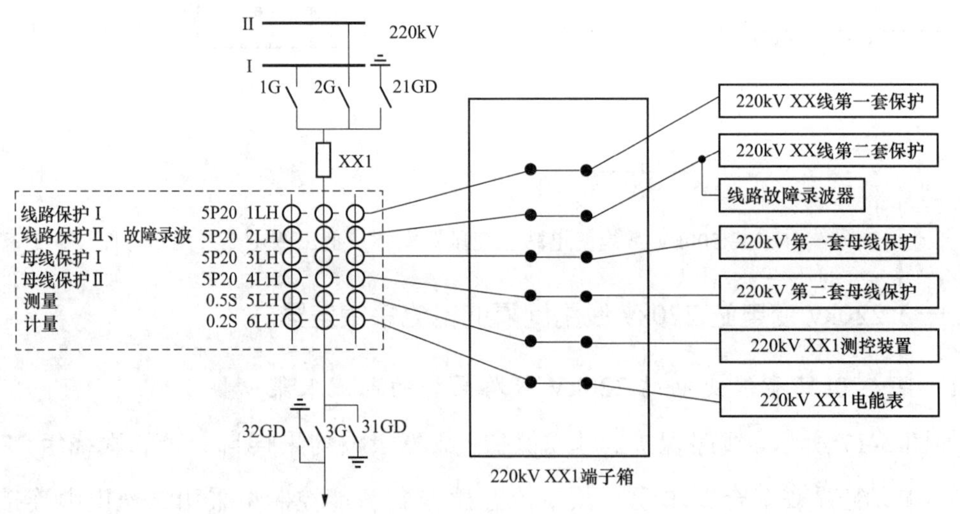

图 5-18 某 220kV 常规变电站 220kV 线路间隔电流采集示意图

（二）220kV 变电站主变压器的电流采集差异

1. 某 220kV 智能变电站变压器三侧间隔及本体的电流采集

如图 5-19、图 5-20 所示，主变压器保护 I、母线保护 I、故障录波 I 均采样自一

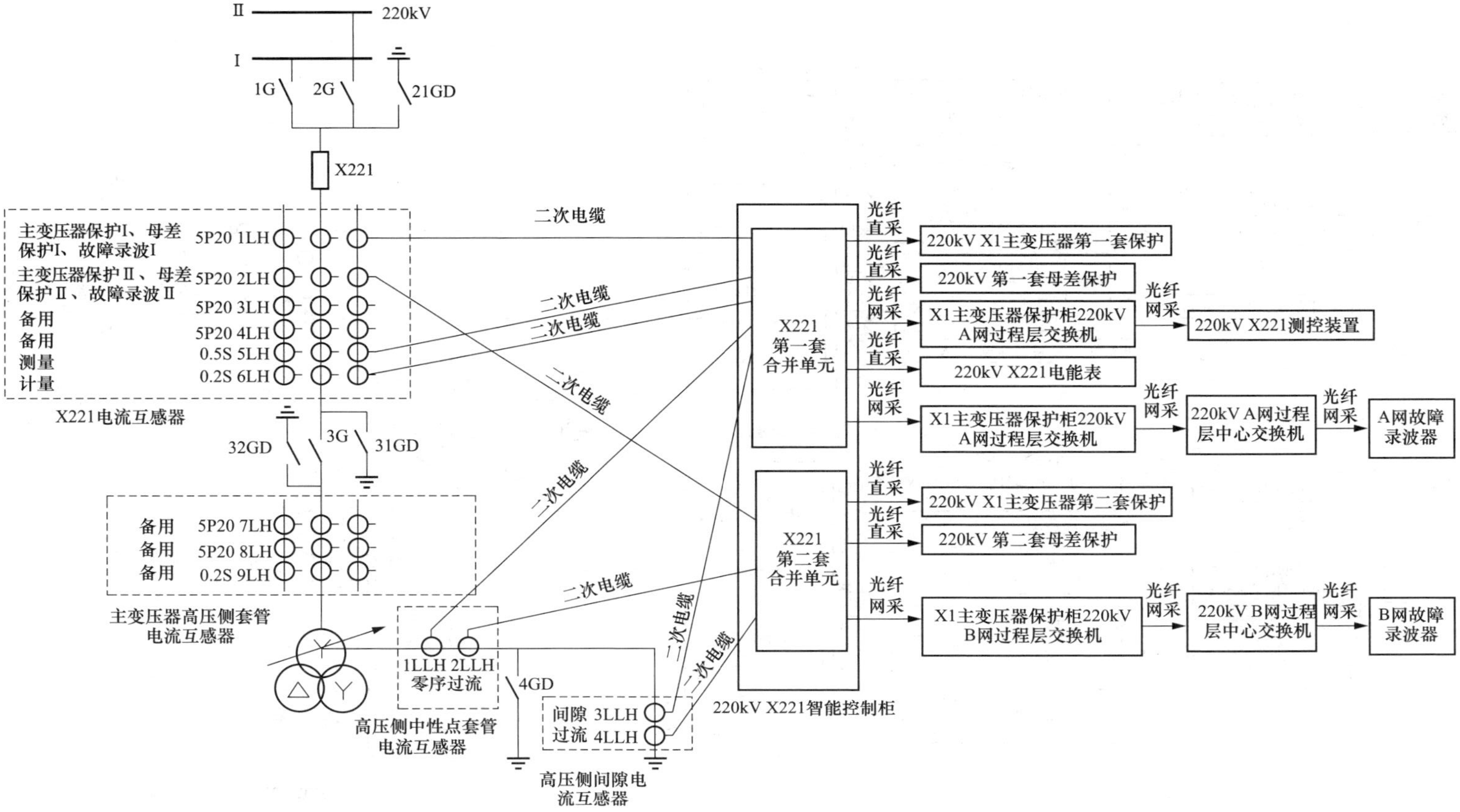

220kV
II
I
1G
2G
21GD
X221
主变压器保护I、母差保护I、故障录波I 5P20 1LH
主变压器保护II、母差保护II、故障录波II 5P20 2LH
备用 5P20 3LH
备用 5P20 4LH
测量 0.5S 5LH
计量 0.2S 6LH
X221电流互感器
3G
31GD
32GD
备用 5P20 7LH
备用 5P20 8LH
备用 0.2S 9LH
主变压器高压侧套管电流互感器
1LLH 2LLH
零序过流
高压侧中性点套管电流互感器
4GD
间隙过流 3LLH 4LLH
高压侧间隙电流互感器
二次电缆
X221第一套合并单元
X221第二套合并单元
220kV X221智能控制柜
光纤直采
光纤网采
220kV X1主变压器第一套保护
220kV 第一套母差保护
X1主变压器保护柜220kV A网过程层交换机
220kV X221电能表
X1主变压器保护柜220kV A网过程层交换机
220kV X1主变压器第二套保护
220kV 第二套母差保护
X1主变压器保护柜220kV B网过程层交换机
220kV X221测控装置
220kV A网过程层中心交换机
A网故障录波器
220kV B网过程层中心交换机
B网故障录波器

图 5-19 某 220kV 智能变电站主变压器高压侧及本体电流采集示意图

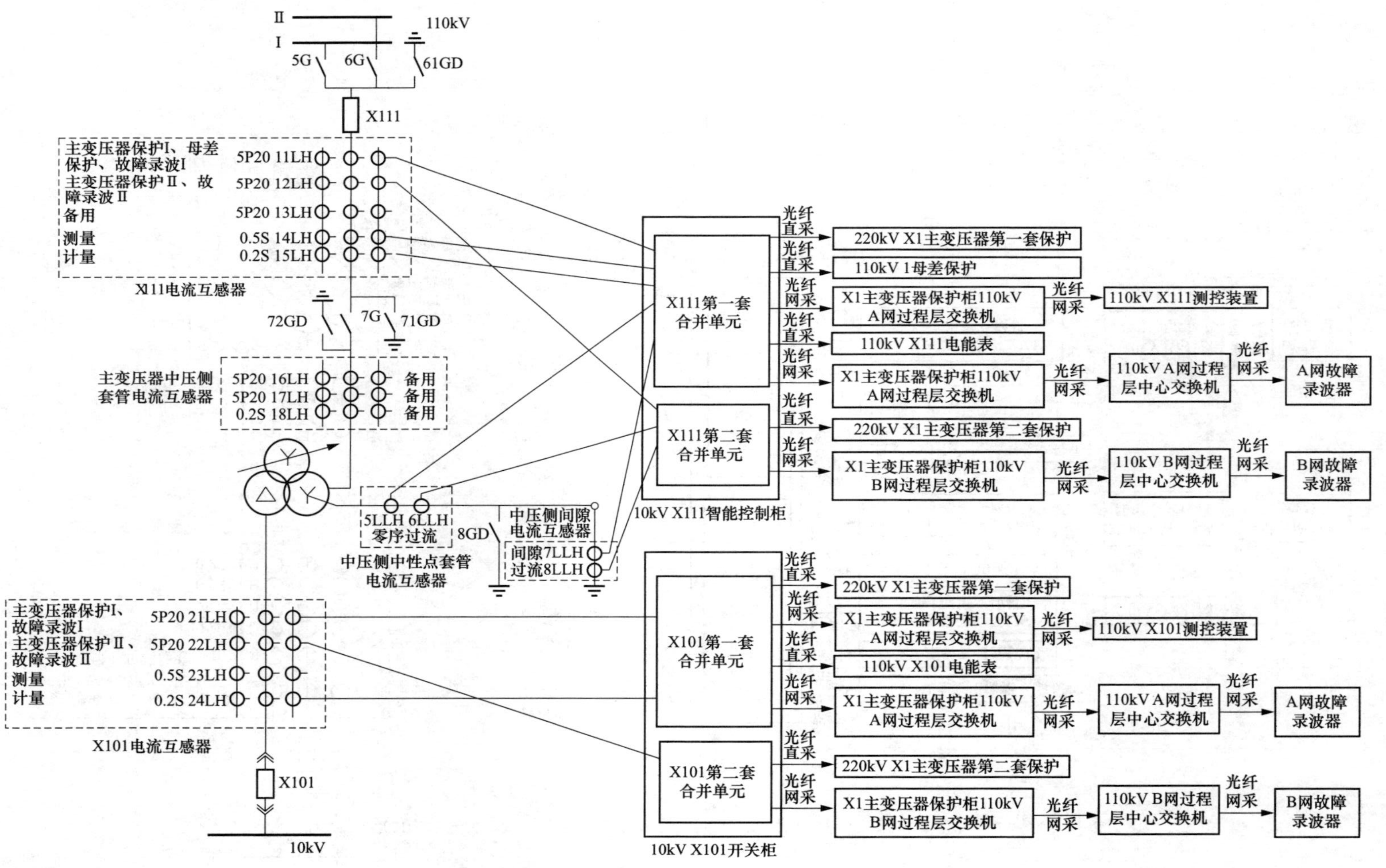

图 5-20 某 220kV 智能变电站主变压器中、低压侧及本体电流采集示意图

LH—电流互感器二次绕组；LLH—零序电流互感器二次绕组；10kV X101 开关柜使用 110kV 过程层交换机

个二次绕组，主变压器保护Ⅱ、母线保护Ⅱ、故障录波Ⅱ均采样自一个二次绕组。主变压器三侧均配置双套合并单元，从电流互感器到智能控制柜采用二次电缆连接，从智能控制柜到各保护、测控、电能表、故障录波装置通过光纤直采或网采来实现。

2. 某 220kV 常规变电站主变压器三侧间隔及本体的电流采集

如图 5-21、图 5-22 所示，220kV 变压器及三侧间隔所用二次绕组较多，对应 220、110、10kV 电流互感器配置 4～7 个二次绕组，主变压器高压侧套管电流互感器、高压侧中性点套管电流互感器、中压侧套管电流互感器、中压侧中性点套管电流互感器、高压侧间隙电流互感器、中压侧间隙电流互感器也配置 2 个二次绕组；高压侧、中压侧套管电流互感器二次绕组多用于故障录波。

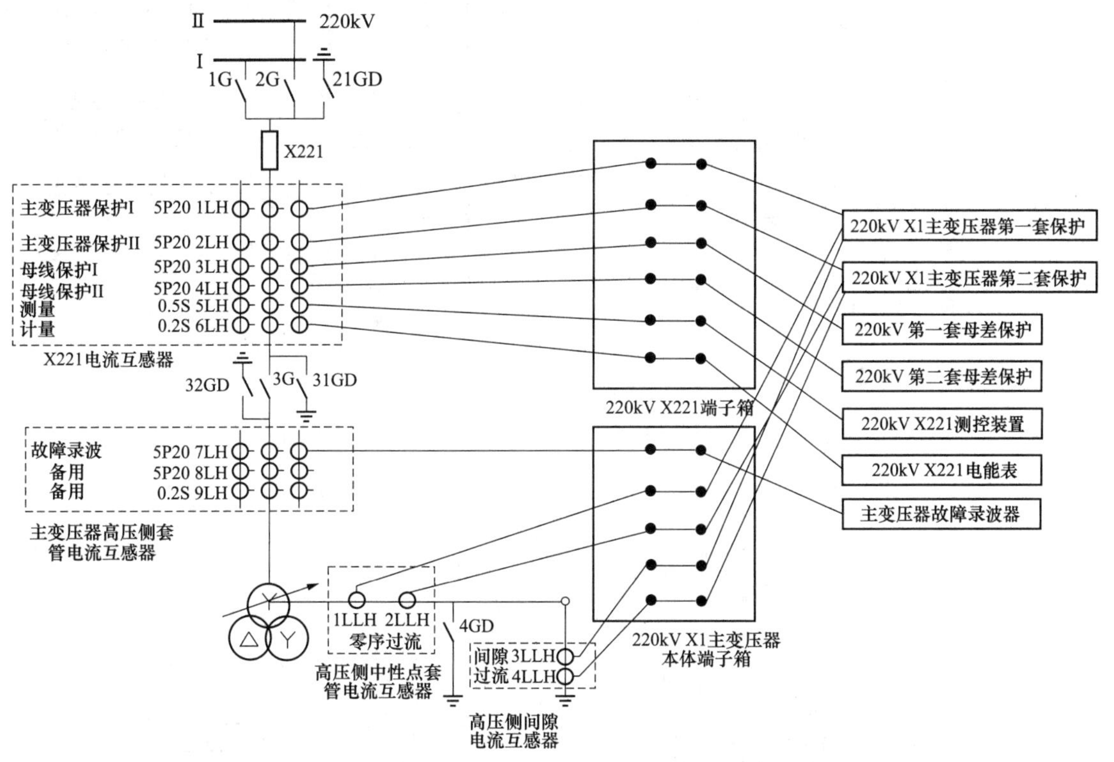

图 5-21 某 220kV 常规变电站主变压器高压侧及本体电流采集示意图

（三）110kV 变电站 110kV 线路的电流采集差异

1. 某 110kV 智能变电站 110kV 线路间隔电流采集

如图 5-23 所示，线路保护、母线保护、故障录波均采样自一个二次绕组。110kV 线路间隔仅配置一套合并单元，从电流互感器到智能控制柜采用二次电缆连接，从智能控制柜到各保护、电能表、测控、故障录波装置通过光纤直采或网采来实现。

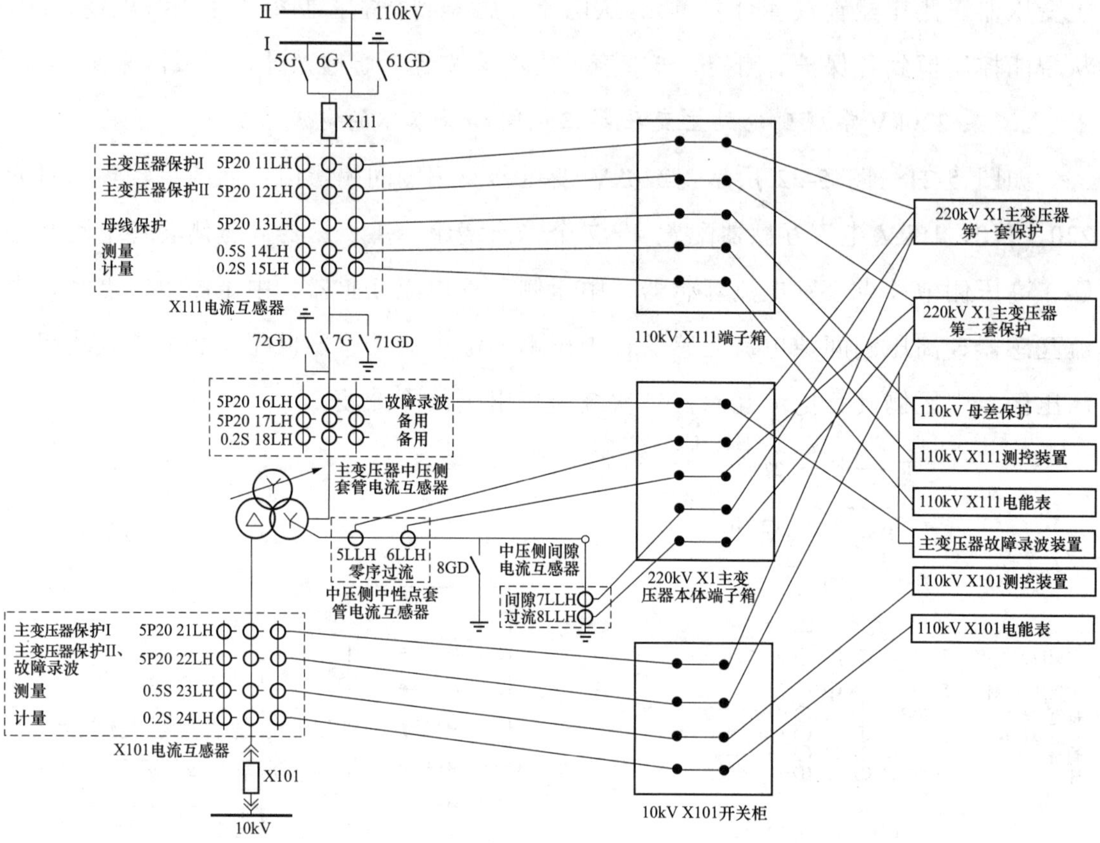

图 5-22　某 220kV 常规变电站主变压器中、低压侧电流采集

LH—电流互感器二次绕组；LLH—零序电流互感器二次绕组

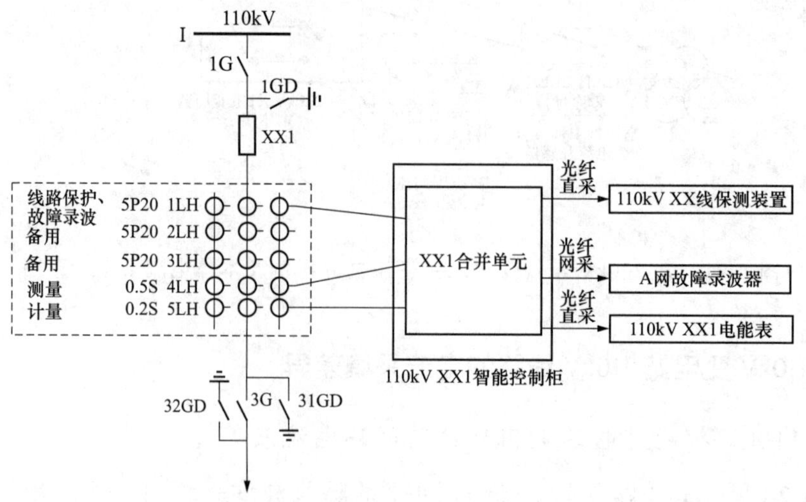

图 5-23　某 110kV 智能变电站 110kV 线路间隔电流采集示意图

2. 某110kV常规变电站线路间隔的电流采集

如图5-24所示，110kV线路间隔的电流采集一般使用5个二次绕组，分别用于线路保护、故障录波、测量、计量，以及1个备用。

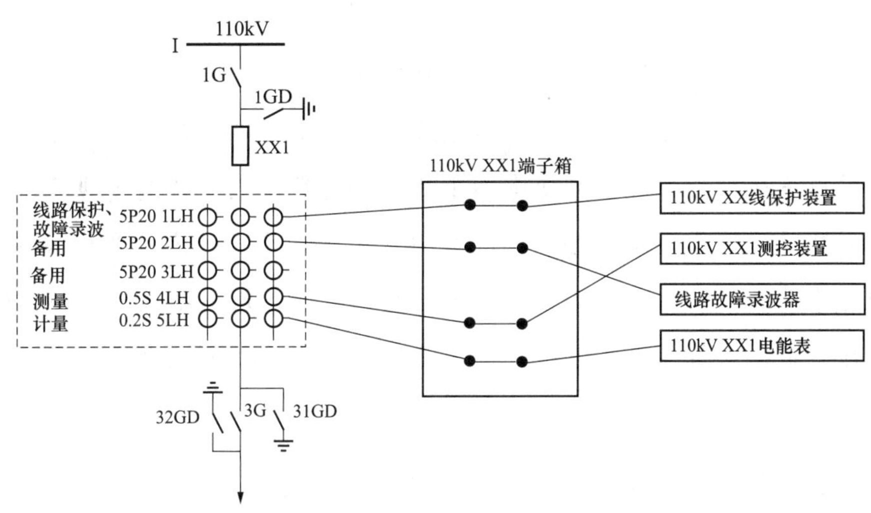

图5-24 某110kV常规变电站110kV线路间隔电流采集示意图

三、智能变电站电流采集运维注意事项

（1）500kV及以上电压等级中，电流合并单元单独双重化配置，与电压合并单元分开；220kV及以下电压等级中，电流、电压合并采集，共用一个合并单元。500kV及以上电压等级的保护需要使用带暂态的电流互感器，保护用二次绕组使用TPY级，对应500kV主变压器的中压侧、本体、低压侧涉及保护的二次绕组也使用TPY级；220kV及以下电压等级中，保护用二次绕组很少使用TPY级，多使用5P30、5P20的准确级。500kV及以上电压等级中，主变压器本体配置有2台电流合并单元；220kV及以下电压等级中，主变压器本体的电流接入到高压侧或中压侧合并单元中，本体不设置合并单元。在运维中，要重视这些差异点，利于回路查找及异常处理工作。

（2）电流从电流互感器到智能控制柜接入合并单元，电流回路二次开路及二次施工的风险大为降低；如母线保护等涉及公用接地点，应认真检查其接地点设置正确。

（3）由于合并单元可以采集一个二次绕组输出至多个装置，避免电流互感器二次绕组电流的重复采集，降低了电流互感器二次绕组配置的要求。在运维中，应将备用的二次绕组正确短接接地，防止开路。在设计及基建中，可以保留适当备用的二次绕组，降低电流互感器二次绕组配置，减少电流互感器造价及后期的运维。

（4）主变压器是变电站设备的核心，其电流互感器配置较多，二次绕组使用较复杂。智能变电站的主变压器二次绕组接线较常规变电站有较大的差异，需要运维人员进行重点掌握。其中，智能变电站主变压器过负荷回路就地实现，接入对应侧的 B 相套管电流，经本体端子箱的过流继电器实现，其接点就近接入本体智能控制柜对应智能终端的启动风冷或闭锁有载调压回路；而常规变电站的主变压器过负荷回路集成在变电器后备保护功能中，经二次电缆将其接点分别串接入启动风冷或闭锁有载调压回路。

第六章

智能变电站与常规变电站保护差异化分析

智能变电站与常规变电站保护的保护功能和原理基本一致，但其保护配置、保护模块和操作方式有差异。

第一节 通用差异化分析

一、保护配置的差异

500kV及以上、220kV及以下电压等级保护有很大的差异，见表6-1。

表6-1 智能变电站与常规变电站保护配置的差异

保护类型	差异化分析
智能变电站500kV全3/2接线保护	取消操作箱
	取消模数转换模块
	取消出口模块
智能变电站220kV双母线接线保护	取消电压切换装置
	取消操作箱
	取消模数转换模块
	取消出口模块

续表

保护类型	差异化分析
智能变电站 110kV 单母线接线保护	取消操作模块
	取消模数转换模块
	取消出口模块

（1）操作箱或操作模块、出口模块的差异。由于智能变电站将操作箱或操作模块、出口模块的功能下放到对应的智能终端或合智一体单元中，在保护的相关配置中，不再进行操作箱或操作模块、出口模块的配置，仅保留开入开出功能，发送指令到对应的智能终端或合智一体单元。

（2）模数转换模块或电压切换装置的差异。智能变电站由于电流、电压均采样自合并单元，输入保护装置的就是数字信号，不需要进行模块转换，因此取消此模块。在智能变电站 220kV 双母线接线中，电压切换在对应合并单元中完成，因此保护配置取消了电压切换装置。

二、保护压板操作方式的差异

智能变电站的保护装置基本都为软压板，仅保留一些硬压板，如保护装置的远方控制压板、检修压板，智能终端的跳闸出口、合闸出口、隔离开关遥控压板、检修压板，合并单元的检修压板等。要掌握保护装置的压板，需要掌握好软压板和检修硬压板的作用。运维时，一般在监控系统上操作软压板，在对应的保护装置上查看、核对。在智能变电站中，保护装置、智能终端、合并单元投入检修硬压板后，将接收到 GOOSE 报文 TEST 位、SV 报文数据品质 TEST 位与装置自身检修压板状态进行比较，做“异或”逻辑判断，两者一致时，信号进行处理或动作，两者不一致时则报文视为无效，不参与逻辑运算；某装置单独投入后，其装置的对应功能被闭锁，失去作用；与常规变电站保护装置投入检修压板后不给监控系统上送信息，有很大的差异。所以遇有二次系统工作时，需要进行检修硬压板的操作时，保护装置、智能终端、合并单元的检修压板需对应操作，防止操作失误，尤其是防止漏退。

常规变电站保护装置的功能投退基本通过硬压板进行；软压板一般整定在保护

装置内部，在变电运维操作中，一般不通过软压板进行投退。

第二节 线路保护差异化分析

一、500kV 线路保护差异化分析

智能变电站与常规变电站 500kV 线路保护的差异主要体现在跳合闸回路、启失灵回路上，其中启失灵回路需要断路器保护配置，在本章第三节断路器保护中阐述。

某智能变电站 500kV ××线路保护跳合闸回路如图 6-1 所示，线路保护通过 500kV 5052 智能控制柜、500kV 5053 智能控制柜的对应智能终端进行跳合闸。

某常规变电站 500kV ××线路保护跳合闸回路如图 6-2 所示，线路保护通过 500kV 5052 断路器保护柜、500kV 5053 断路器保护柜中的操作箱进行跳合闸，全部通过二次电缆进行连接。

二、220kV 线路保护差异化分析

智能变电站 220kV 线路保护不再配置独立的断路器保护，断路器保护中的过流保护、三相不一致保护、失灵启动配置在两套线路保护中。智能变电站与常规变电站 220kV 线路保护的差异主要体现在跳合闸回路、启失灵回路上。

某智能变电站 220kV ××线路保护跳合闸回路如图 6-3 所示，线路保护通过 220kV ××线智能终端柜的对应智能终端进行跳合闸。

某常规变电站 220kV ××线路保护跳合闸回路如图 6-4 所示，两套线路保护共用第一套线路保护柜上配置的操作箱，通过端子箱，连接跳合闸回路。

某智能变电站 220kV ××线路保护启失灵回路如图 6-5 所示，智能变电站间隔保护（原常规变电站的断路器保护进行启失灵电流判据）的启失灵电流判据移至母线（失灵）保护，由母线（失灵）保护完成，间隔保护不再进行电流判据，直接通过线路保护的跳闸令启动，且每套线路保护将启失灵发送到对应的母线（失灵）保护，简化了失灵回路。

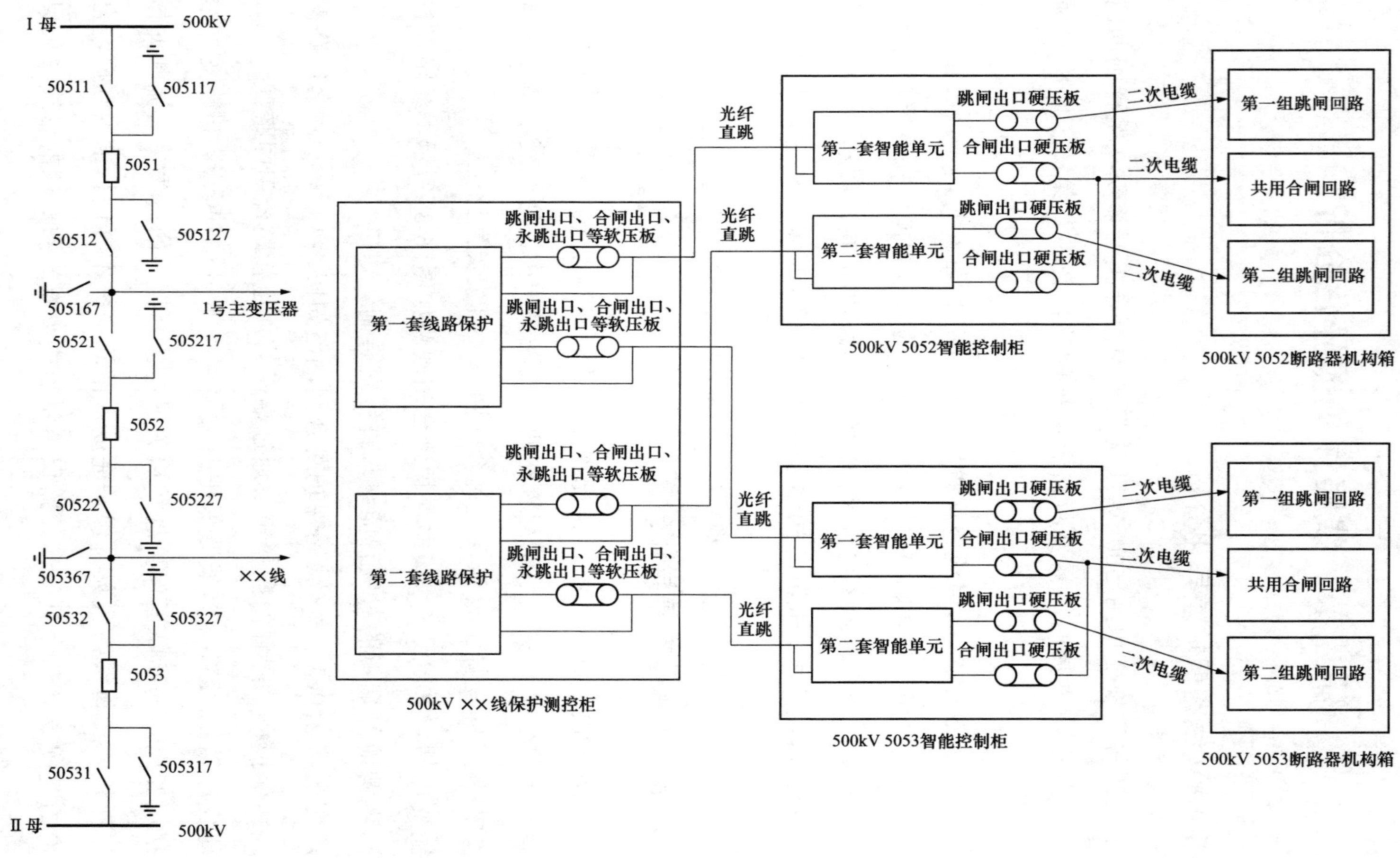

图 6-1　某智能变电站 500kV ××线路保护跳合闸回路示意图

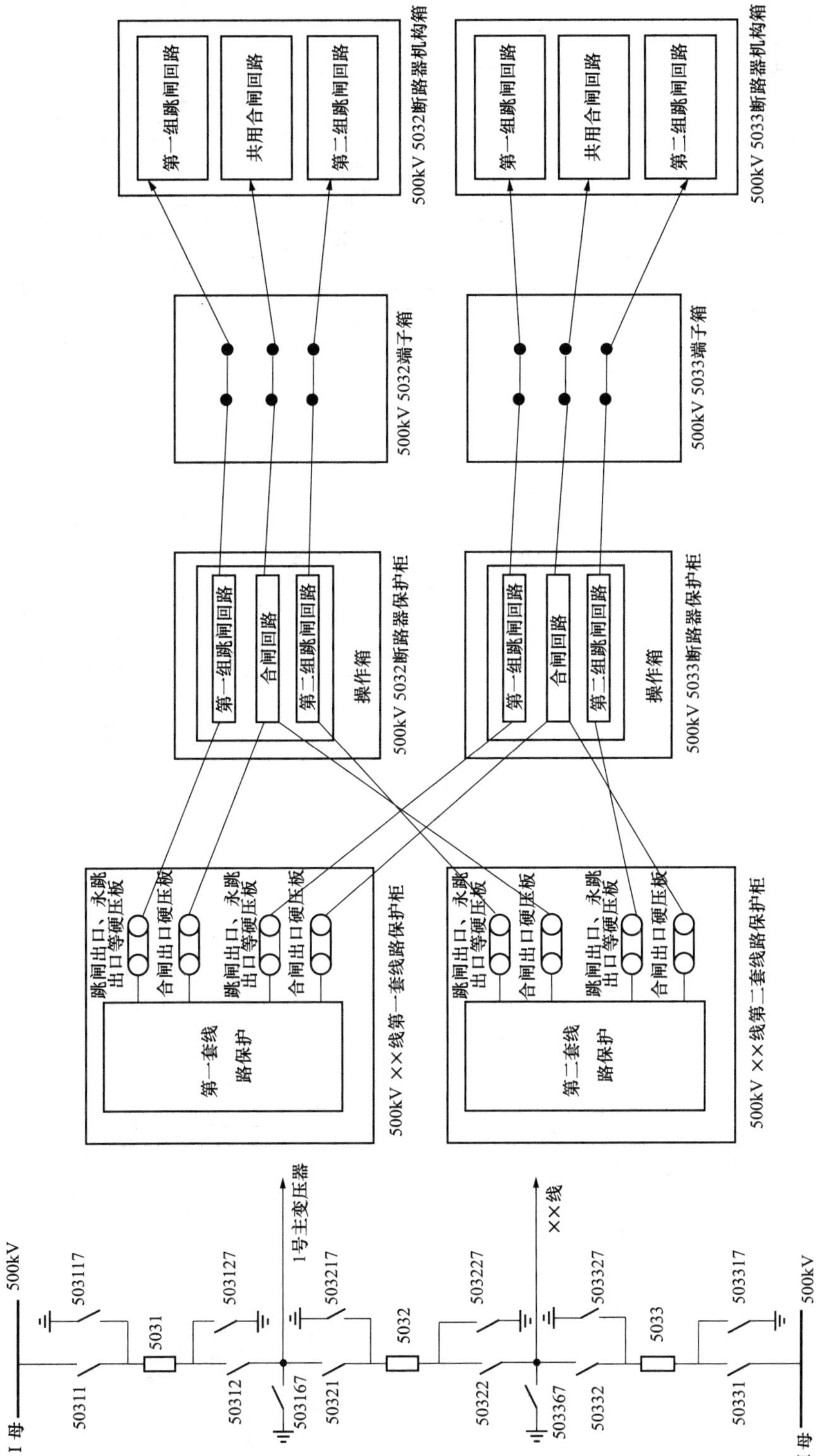

500kV 5032断路器机构箱

第一组跳闸回路

共用合闸回路

第二组跳闸回路

500kV 5033断路器机构箱

第一组跳闸回路

共用合闸回路

第二组跳闸回路

500kV 5032端子箱

500kV 5033端子箱

500kV 5032断路器保护柜

操作箱

第一组跳闸回路

合闸回路

第二组跳闸回路

500kV 5033断路器保护柜

操作箱

第一组跳闸回路

合闸回路

第二组跳闸回路

500kV ××线第一套线路保护柜

第一套线路保护

跳闸出口、永跳出口等硬压板

合闸出口硬压板

跳闸出口、永跳出口等硬压板

合闸出口硬压板

500kV ××线第二套线路保护柜

第二套线路保护

跳闸出口、永跳出口等硬压板

合闸出口硬压板

跳闸出口、永跳出口等硬压板

合闸出口硬压板

I母　500kV

50311　503117　5031　50312　503127　503167　1号主变压器

50321　503217　5032　50322　503227　503367　××线

50332　503327　5033　50331　503317

500kV　II母

图 6-2　某常规变电站 500kV ××线路保护跳合闸回路示意图

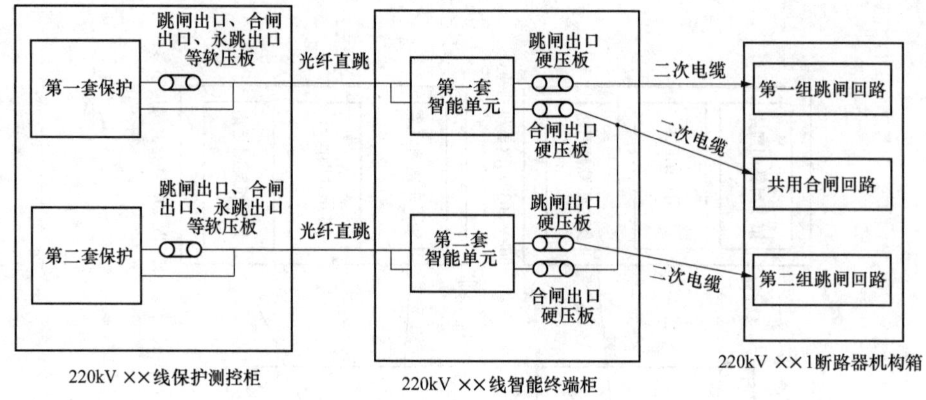

图 6-3　某智能变电站 220kV ××线路保护跳合闸回路示意图

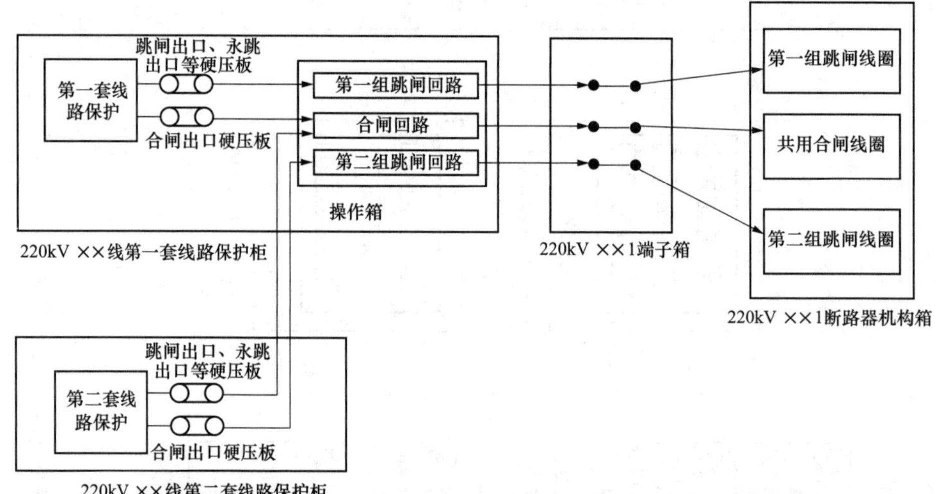

图 6-4　某常规变电站 220kV ××线路保护跳合闸回路示意图

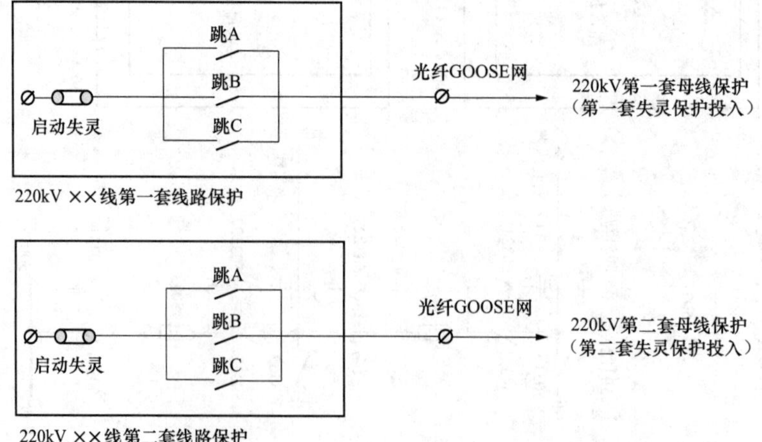

图 6-5　某智能变电站 220kV ××线路保护启失灵回路示意图

某常规变电站220kV ××线路保护启失灵回路如图6-6所示，失灵启动是第一套线路保护跳闸、第二套线路保护跳闸、操作箱三跳启动，且满足断路器保护中的电流判据后，通过二次电缆启动220kV第一套母线（失灵）保护，第一套母线（失灵）保护不再进行电流逻辑判断。

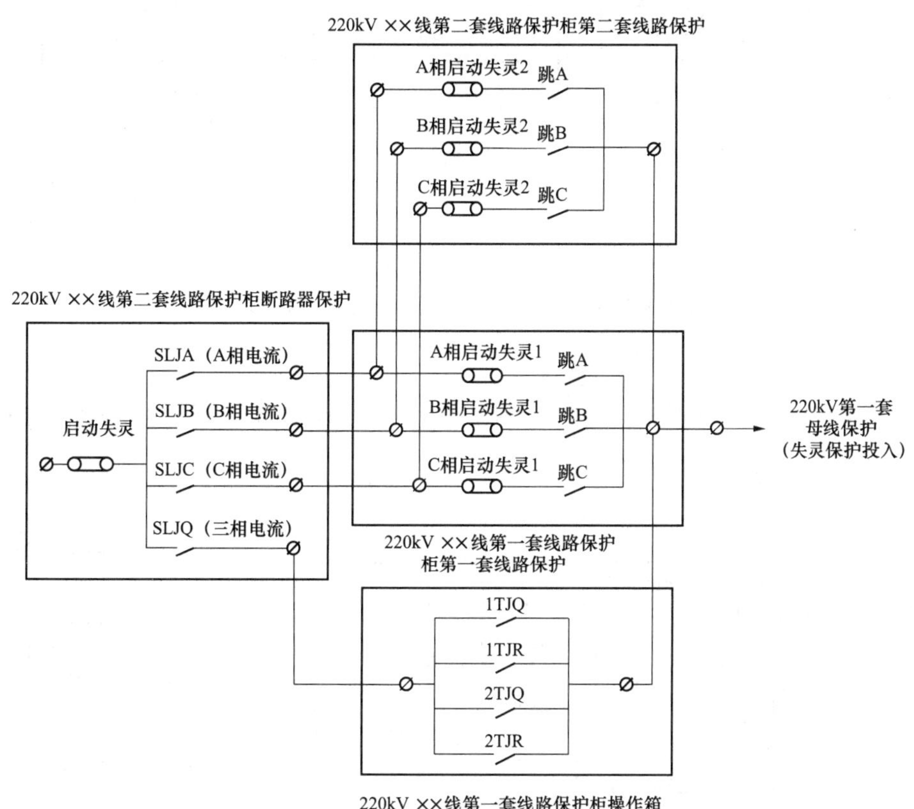

图6-6　某常规变电站220kV ××线路保护启失灵回路示意图

图6-6中，1TJQ接在第一组跳闸线圈的起动重合闸起动失灵回路，1TJR接在第一组跳闸线圈的不起动重合闸起动失灵回路，2TJQ接在第二组跳闸线圈的起动重合闸起动失灵回路，2TJR接在第二组跳闸线圈的不起动重合闸起动失灵回路中。

三、110kV线路保护差异化分析

110kV线路保护较少配置启失灵回路。智能变电站与常规变电站110kV线路保护的差异也主要体现在跳合闸回路上。

智能变电站跳合闸回路示意图如图 6-7 所示，保测装置通过光纤连接对应的智能终端（合智一体单元），智能终端（合智一体单元）连接机构箱进行跳合闸。

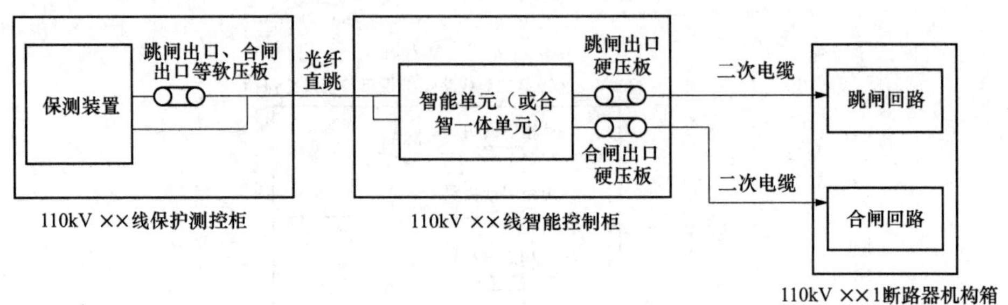

图 6-7　某智能变电站 110kV ××线路保护跳合闸回路示意图

智能变电站跳合闸回路示意图如图 6-8 所示，线路保护通过自身配置的操作插件，通过端子箱连接跳合闸回路。

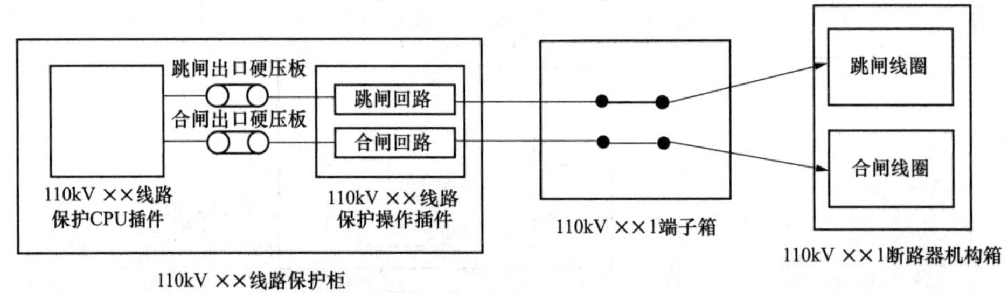

图 6-8　某常规变电站 110kV ××线路保护跳合闸回路示意图

第三节　断路器保护差异化分析

智能变电站与 220kV 线路保护相配合的断路器保护融入线路保护，110kV 及以下线路保护基本没有配置对应的断路器保护，因此断路器保护仅在智能变电站 500kV 及以上电压等级中配置。

一、配置套数的差异

智能变电站每个断路器的断路器保护配置 2 套，完全双重化，一套断路器保护对应对应一套线路保护或变压器保护或其他断路器的断路器保护。常规变电站每个断路器的断路器保护仅配置单套。

二、三相不一致保护的设置

智能变电站由于每个断路器的断路器保护配置 2 套，为避免重复动作，断路器保护中的三相不一致不投，使用断路器机构本身的三相不一致保护。常规变电站由于地区不同规定也不同，有使用断路器机构本身的三相不一致保护的，也有使用断路器保护中的三相不一致保护的。

三、失灵启动的差异

智能变电站与常规变电站失灵启动的原理基本没有差异，线路保护、主变压器保护出口时同时向本进线两侧断路器保护发失灵启动信号，断路器保护进行电流数据的判别，当符合动作条件时，边断路器保护向母差保护、中间断路器及远跳发联跳信号，中间断路器保护向两侧断路器及远跳发联跳信号。但智能变电站失灵启动，取消了依靠操作箱 TJR 线圈和硬触点的三跳启动失灵，改用 GOOSE 网络发送到相关断路器保护的方式实现。

某智能变电站 500kV 失灵启动示意图如图 6-9 所示，无三跳启动失灵。

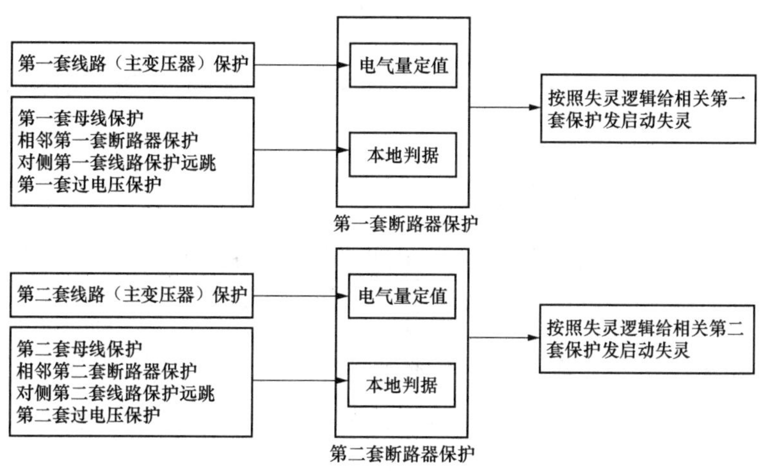

图 6-9　某智能变电站 500kV 失灵启动示意图

某常规变电站 500kV 启失灵示意图如图 6-10 所示。失灵启动是单跳启动失灵和操作箱三跳启动相配合，且满足断路器保护中的电气量定值或本地判据后，通过二次电缆启动相关保护的失灵跳闸回路。

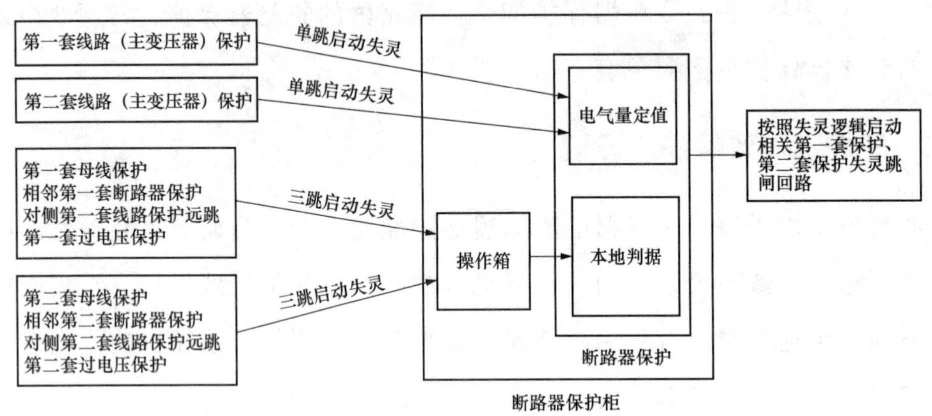

图 6-10　某常规变电站 500kV 失灵启动示意图

第四节　母联保护差异化分析

由于 500kV 及以上电压等级采用 3/2 接线，没有常规意义上的母联，也就没有母联保护，所以母联保护一般在 220kV 及以下电压等级中配置。通过 220、110kV 两个电压等级母联保护，来阐述智能变电站与常规变电站母联保护的差异。

一、220kV 电压等级母联保护差异化分析

1. 配置的差异

智能变电站母联保护均配置双套，各对应第一套保护、第二套保护；常规变电站仅配置一套。

2. 母联保护跳合闸回路的差异

某智能变电站 220kV 母联保护跳合闸回路如图 6-11 所示，两套母联保护分别连接独立的智能终端，第一套保护光纤直连第一套智能终端进行跳合闸，第二套保护光纤直连第二套智能终端进行跳闸，母联保护仅进行跳闸。

某常规变电站 220kV 母联保护跳合闸回路如图 6-12 所示，配置一套母联保护，通过端子箱，连接跳闸回路。

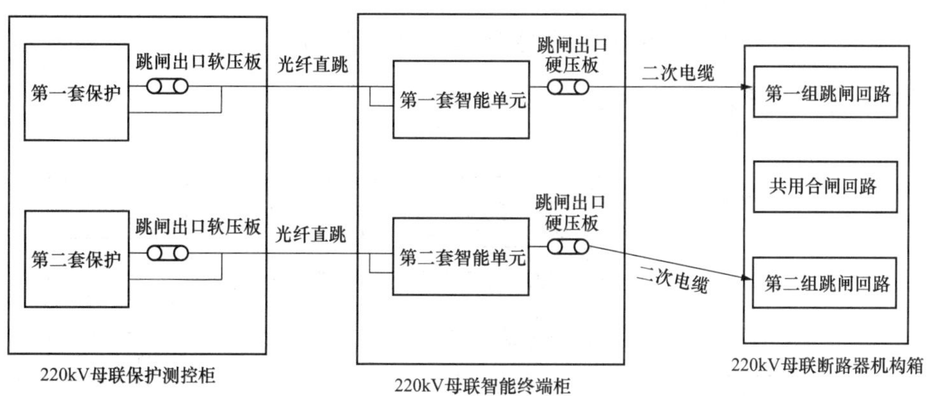

图 6-11　某智能变电站 220kV 母联保护跳合闸回路示意图

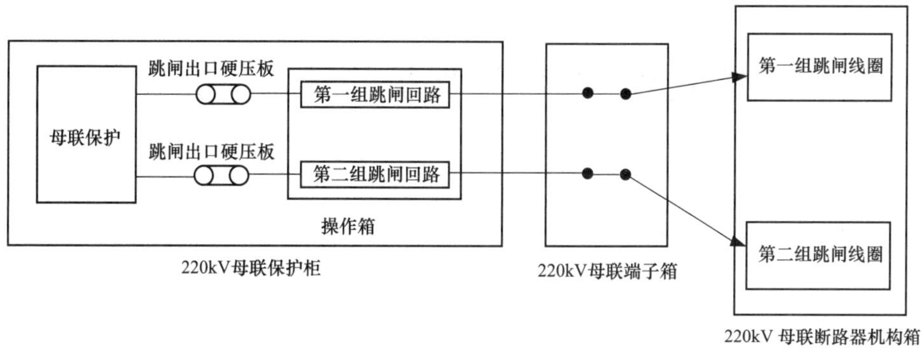

图 6-12　某常规变电站 220kV 母联保护跳合闸回路示意图

二、110kV 电压等级母联保护差异化分析

110kV 电压等级母联保护智能变电站、常规变电站在配置上没有差异，差异主要体现在保护跳闸回路上。

某智能变电站 110kV 母联保护跳合闸回路如图 6-13 所示，保测装置通过光纤直连对应的智能终端（合智一体单元），智能终端（合智一体单元）连接机构箱进行跳闸。

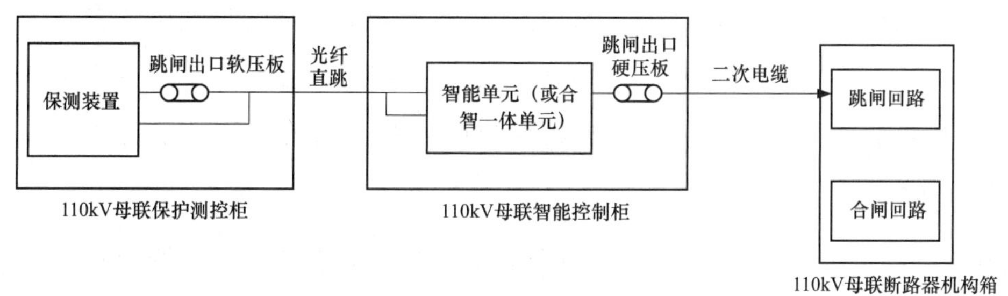

图 6-13　某智能变电站 110kV 母联保护跳闸回路示意图

某常规变电站 110kV 母联保护跳合闸回路如图 6-14 所示，母联保护通过自身配置的操作插件，通过端子箱连接跳闸回路。

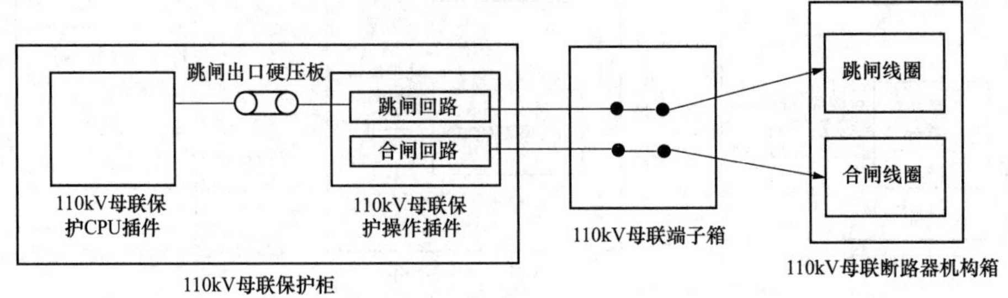

图 6-14　某常规变电站 110kV 母联保护跳闸回路示意图

第五节　变压器保护差异化分析

一、变压器保护配置的差异

1. 通用差异

智能变电站的本体保护放置在就地的智能控制柜中，不再随电量保护放入保护柜内。110kV 及以上电压等级变压器保护均双套配置；常规变电站 220kV 及以上电压等级变压器保护双套配置，110kV 变压器保护配置单套。

2. 220kV 及以上电压等级变压器保护的差异

智能变电站与失灵保护相配置的启动失灵通过 GOOSE 网络进行发送，代替了常规变电站的二次电缆开入。

智能变电站与失灵保护相配置的启动失灵不在变压器保护中进行电气量的判断，仅通过 GOOSE 网络进行发送信号，同时通过 GOOSE 网络发送的还有失灵解除 220kV 失灵保护复压闭锁信号［500kV 及以上电压等级，母线（失灵）保护，不配置复合电压闭锁］、失灵联跳主变压器三侧的跳闸令。常规变电站与失灵保护相配置的启动失灵在变压器保护中进行电流逻辑的判断，母线（失灵）保护不再进行电流逻辑的判断。

220kV 智能变电站中，主变压器高压侧不再配置独立的断路器保护，断路器保护中的过流保护功能、三相不一致保护融入变压器保护中。

二、变压器跳闸回路的差异

由于各电压等级变压器保护的跳闸回路差异类似，因此以 220kV 智能变电站与常规变电站变压器跳闸回路差异为例进行阐述。

某 220kV 智能变电站变压器电量保护跳闸回路示意图如图 6-15 所示，电量保

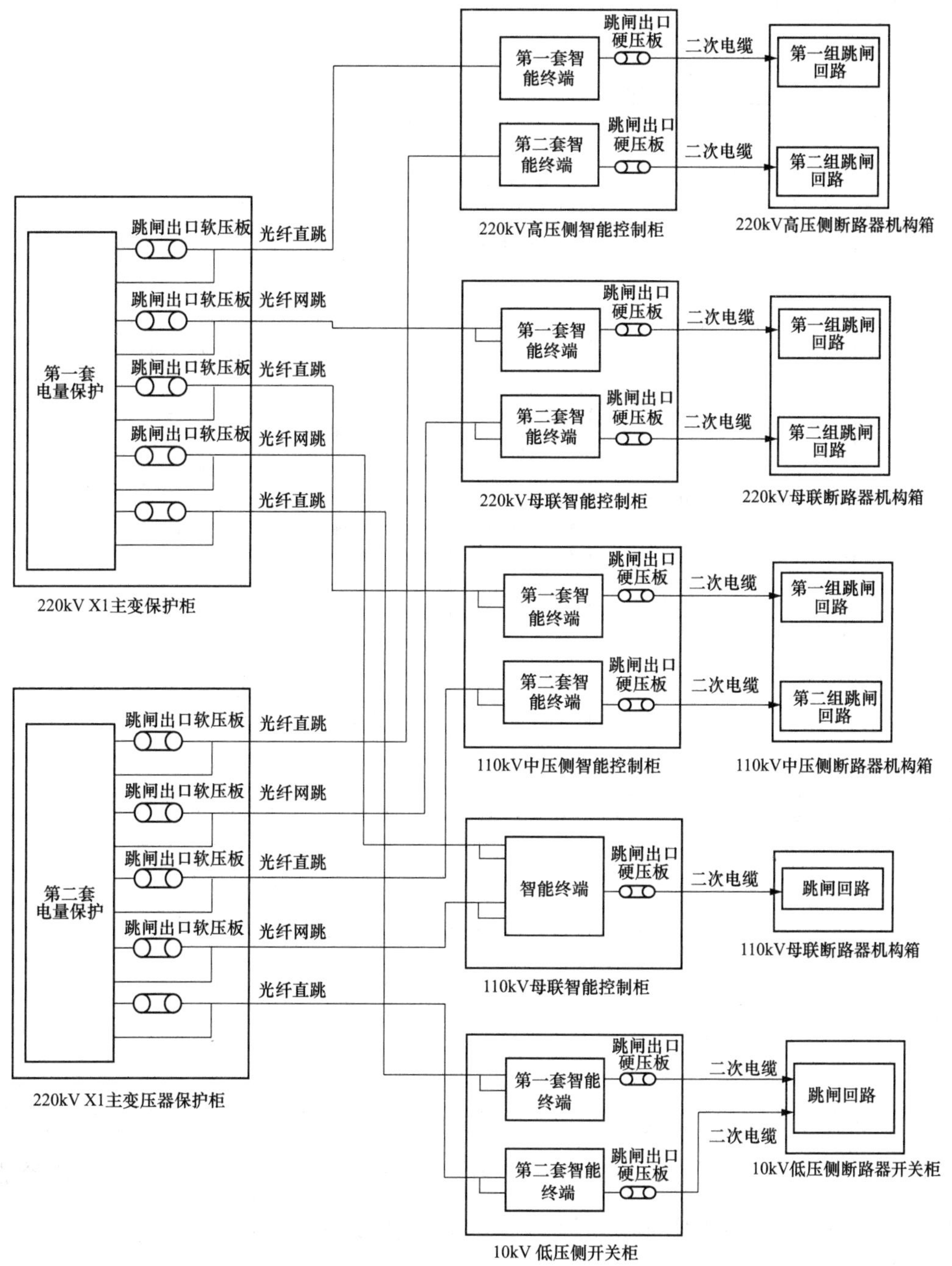

图 6-15　某 220kV 智能变电站变压器电量保护跳闸回路示意图

护跳主变压器三侧断路器，均通过光纤直跳进行，跳对应220、110kV母联断路器，通过GOOSE组网进行跳闸。

某220kV智能变电站变压器非电量保护（本体保护）跳闸回路示意图如图6-16所示，非电量保护动作是本体智能控制柜智能终端，通过二次电缆连接主变压器三侧断路器机构箱进行跳闸。

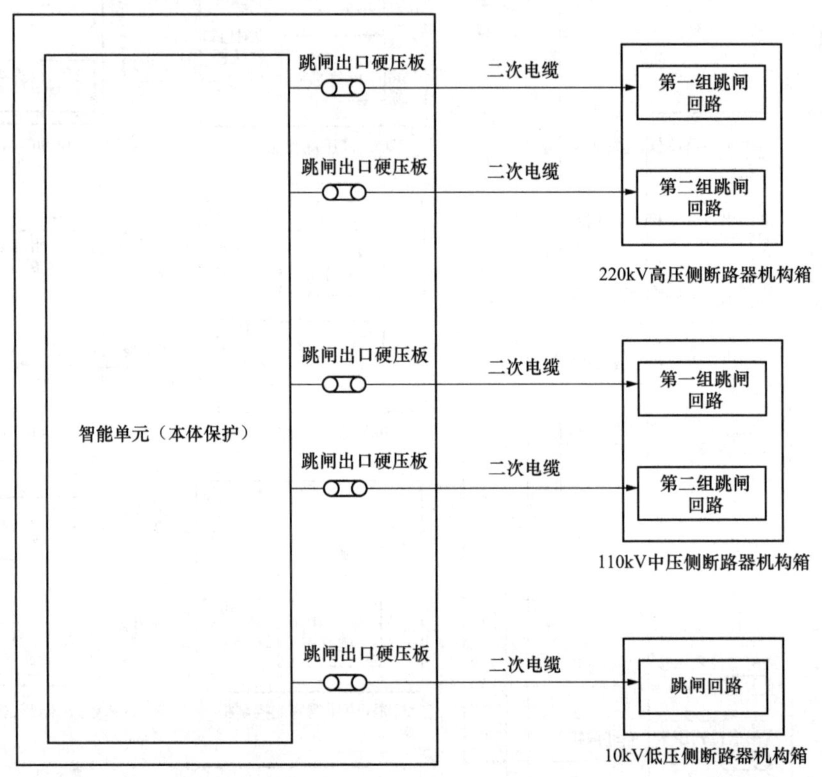

图6-16　某智能变电站220kV变压器非电量保护跳闸回路示意图

某常规变电站220kV变压器保护跳闸回路如图6-17所示，变压器电量保护跳主变压器三侧断路器、母联断路器、变压器非电量保护跳主变压器三侧断路器，均通过对应保护柜上配置的操作箱，通过端子箱连接跳闸回路。

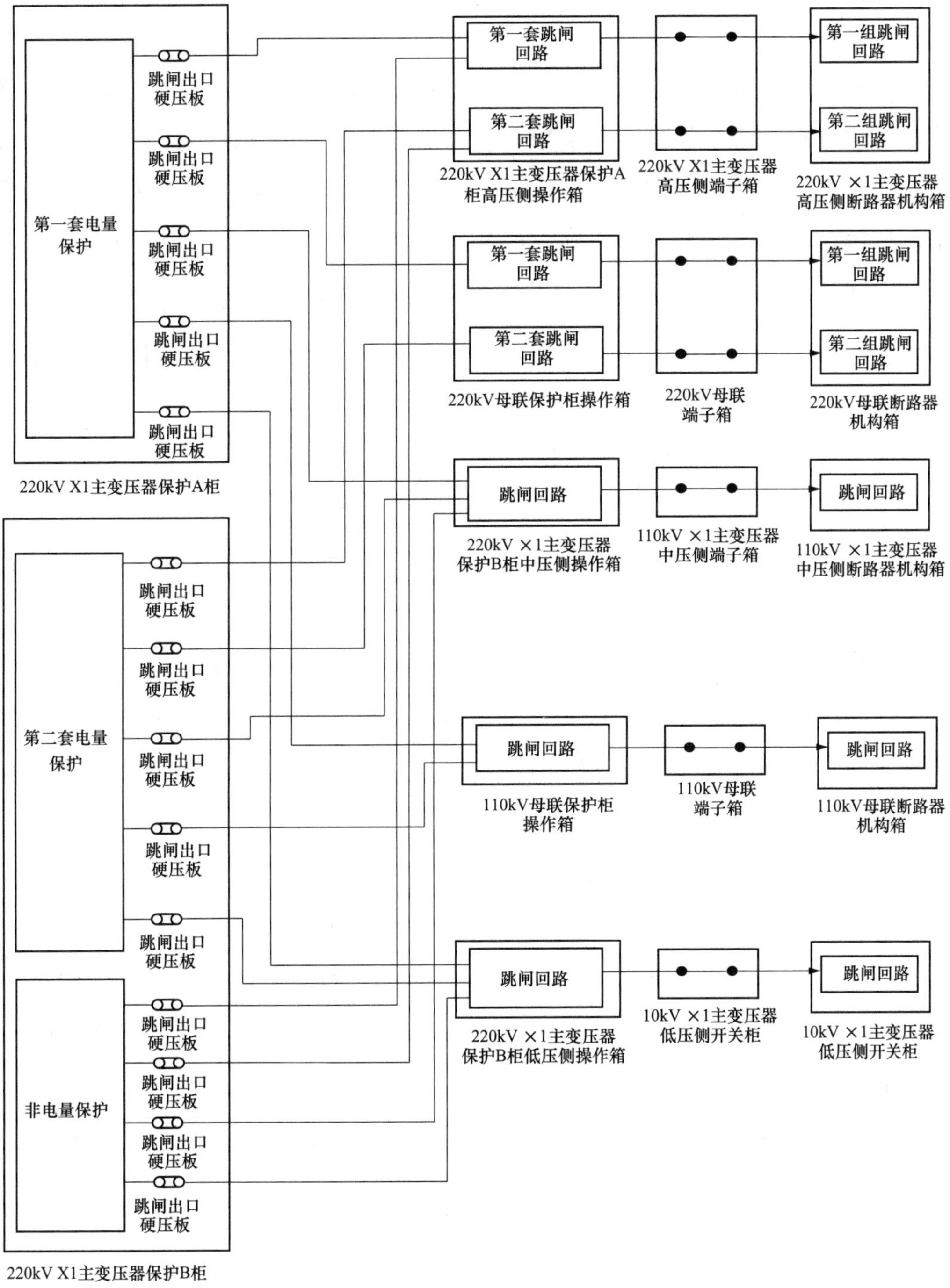

第一套电量保护

跳闸出口硬压板

跳闸出口硬压板

跳闸出口硬压板

跳闸出口硬压板

跳闸出口硬压板

220kV X1主变压器保护A柜

第二套电量保护

非电量保护

跳闸出口硬压板

跳闸出口硬压板

跳闸出口硬压板

跳闸出口硬压板

跳闸出口硬压板

跳闸出口硬压板

跳闸出口硬压板

跳闸出口硬压板

跳闸出口硬压板

220kV X1主变压器保护B柜

第一套跳闸回路

第二套跳闸回路

220kV X1主变压器保护A柜高压侧操作箱

220kV X1主变压器高压侧端子箱

第一组跳闸回路

第二组跳闸回路

220kV ×1主变压器高压侧断路器机构箱

第一套跳闸回路

第二套跳闸回路

220kV母联保护柜操作箱

220kV母联端子箱

第一组跳闸回路

第二组跳闸回路

220kV母联断路器机构箱

跳闸回路

220kV ×1主变压器保护B柜中压侧操作箱

110kV ×1主变压器中压侧端子箱

跳闸回路

110kV ×1主变压器中压侧断路器机构箱

跳闸回路

110kV母联保护柜操作箱

110kV母联端子箱

跳闸回路

110kV母联断路器机构箱

跳闸回路

220kV ×1主变压器保护B柜低压侧操作箱

10kV ×1主变压器低压侧开关柜

跳闸回路

10kV ×1主变压器低压侧开关柜

图 6-17　某常规变电站 220kV 变压器保护跳闸回路示意图

第六节 母线（失灵）保护差异化分析

500kV 及以上电压等级的母线保护（含失灵保护），由于为 3/2 接线，可视为单母线的母线保护，母线保护不需要配置复合电压闭锁，也不需要进行大差、小差的逻辑判定；失灵保护也不需要主变压器高压侧的解除复合电压闭锁开入。500kV 及以上电压等级的 I 母、II 母各有独立的两套母线（失灵）保护。

220kV 电压等级的母线保护（含失灵保护）多为双母线接线方式，需要进行大差、小差的逻辑判断，配置了复合电压闭锁功能；主变压器高压侧的解除复合电压闭锁开入失灵保护。

110kV 电压等级的母线保护一般只配置一套母线保护，失灵保护一般不投。

1. 母线（失灵）保护配置的差异

智能变电站 220kV 及以上电压等级配置双套的母线（失灵）保护，两套母线保护中的失灵保护均投入。

常规变电站 220kV 及以上电压等级配置双套的母线（失灵）保护，但仅启用第一套母线保护中的失灵保护，第二套母线保护中的失灵保护一般不投。110kV 电压等级配置配置母线保护的情况，一般只配置一套母线保护，失灵保护一般不投。

2. 母线（失灵）保护跳闸回路的差异

以智能变电站与常规变电站 500kV 变压器跳闸回路差异为例进行阐述。

某智能变电站 500kV 母线（失灵）保护跳闸回路如图 6-18 所示，500kV I 母母线（失灵）保护通过光纤直跳连接对应的智能终端进行跳闸，支路 1～*N* 为连接到母线上的各支路。

某常规变电站 500kV 母线（失灵）保护跳闸回路如图 6-19 所示，500kV I 母母线（失灵）保护母线上的断路器均通过对应保护柜上配置的操作箱，通过端子箱连接跳闸回路。

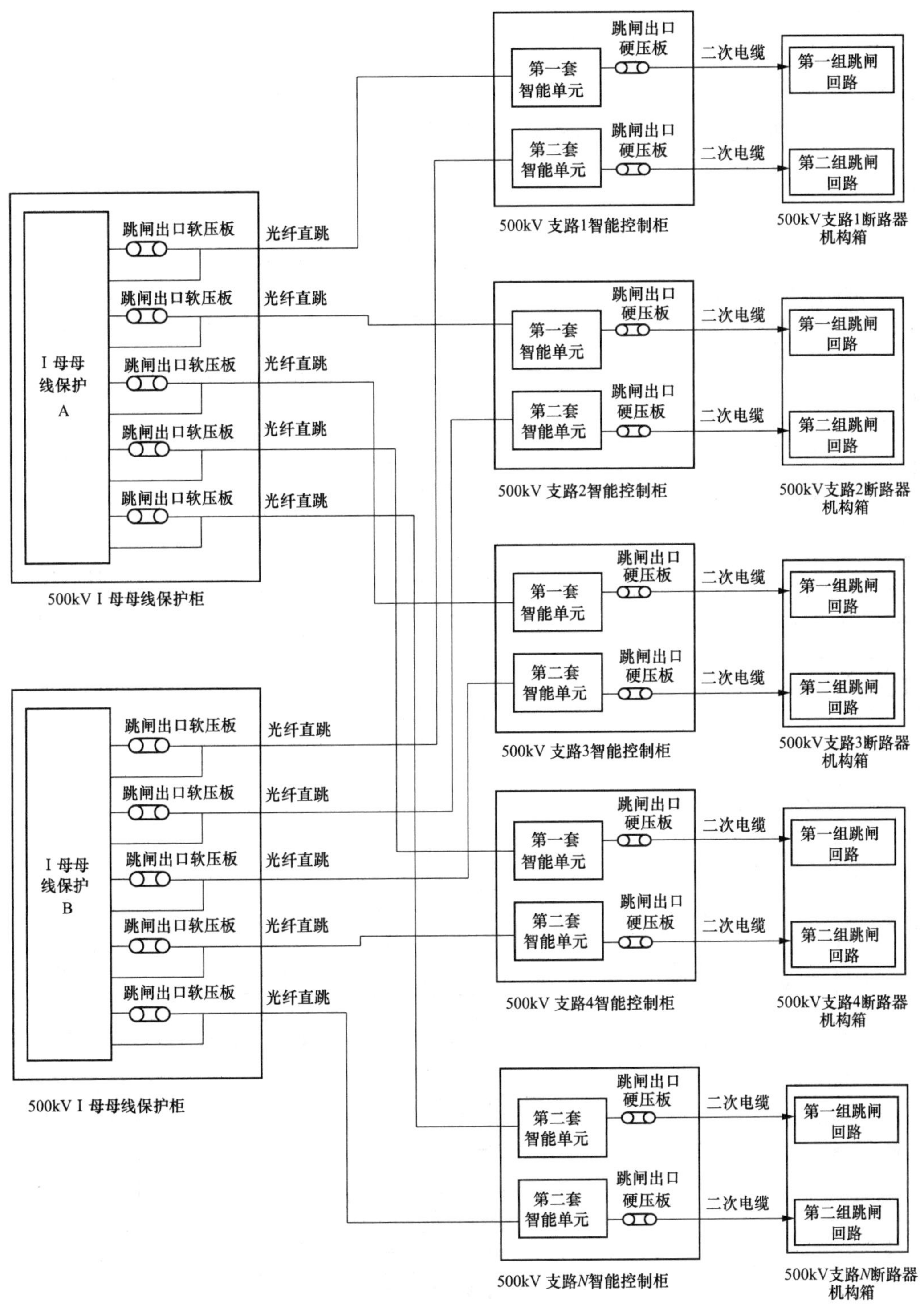

图 6-18　某智能变电站 500kV 母线（失灵）保护跳闸回路示意图

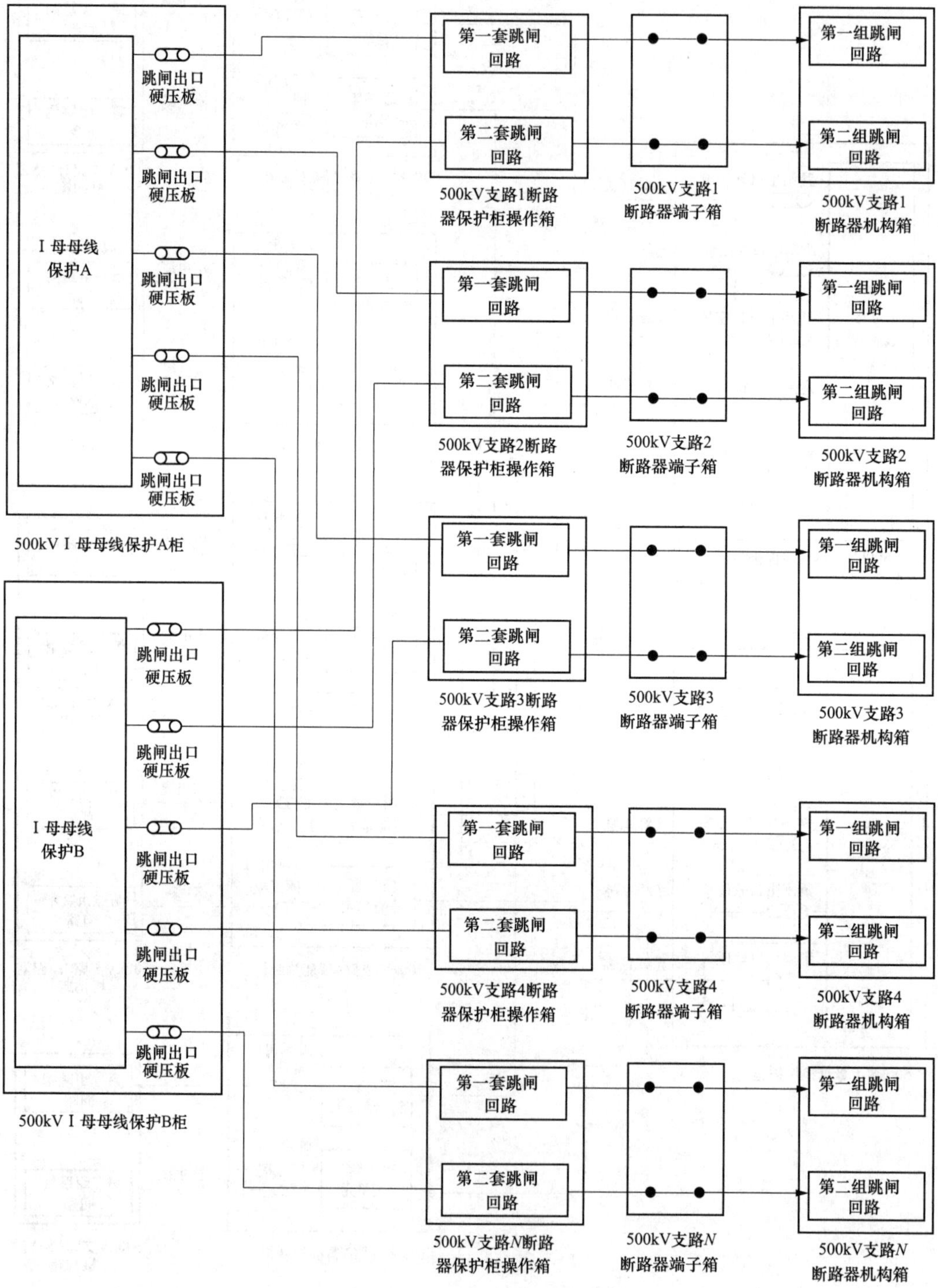

I 母母线
保护A

跳闸出口
硬压板

跳闸出口
硬压板

跳闸出口
硬压板

跳闸出口
硬压板

跳闸出口
硬压板

500kV I 母母线保护A柜

I 母母线
保护B

跳闸出口
硬压板

跳闸出口
硬压板

跳闸出口
硬压板

跳闸出口
硬压板

跳闸出口
硬压板

500kV I 母母线保护B柜

第一套跳闸
回路

第二套跳闸
回路

500kV支路1断路
器保护柜操作箱

500kV支路1
断路器端子箱

第一组跳闸
回路

第二组跳闸
回路

500kV支路1
断路器机构箱

第一套跳闸
回路

第二套跳闸
回路

500kV支路2断路
器保护柜操作箱

500kV支路2
断路器端子箱

第一组跳闸
回路

第二组跳闸
回路

500kV支路2
断路器机构箱

第一套跳闸
回路

第二套跳闸
回路

500kV支路3断路
器保护柜操作箱

500kV支路3
断路器端子箱

第一组跳闸
回路

第二组跳闸
回路

500kV支路3
断路器机构箱

第一套跳闸
回路

第二套跳闸
回路

500kV支路4断路
器保护柜操作箱

500kV支路4
断路器端子箱

第一组跳闸
回路

第二组跳闸
回路

500kV支路4
断路器机构箱

第一套跳闸
回路

第二套跳闸
回路

500kV支路*N*断路
器保护柜操作箱

500kV支路*N*
断路器端子箱

第一组跳闸
回路

第二组跳闸
回路

500kV支路*N*
断路器机构箱

图 6-19　某常规变电站 500kV 母线（失灵）保护跳闸回路示意图

第七节　备自投装置差异化分析

备自投装置在智能变电站、常规变电站没有本质的差异，差异主要体现在两个方面：①备自投装置的电流、电压、开入量多通过光纤组网采集，在第三章中已有类似分析；②智能变电站跳合闸回路通过光纤组网进行。选取 110kV 智能变电站、110kV 常规变电站 110kV 进线备自投跳合闸回路来阐述差异。

某 110kV 智能变电站 110kV 进线备自投装置跳合闸回路如图 6-20 所示，备自投装置通过光纤组网跳合对应断路器。

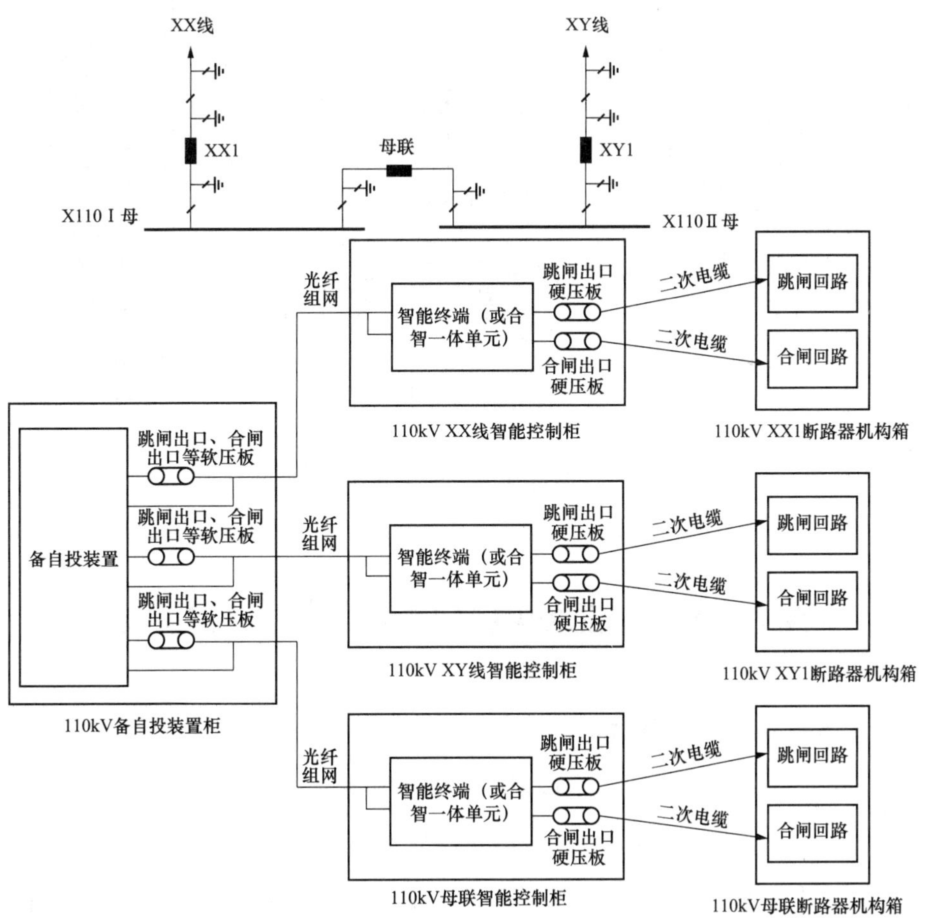

图 6-20　某 110kV 智能变电站进线备自投装置跳合闸回路

某 110kV 常规变电站进线备自投装置跳合闸回路如图 6-21 所示，备自投装置各保护装置的操作插件来跳合对应断路器，用二次电缆进行连接。

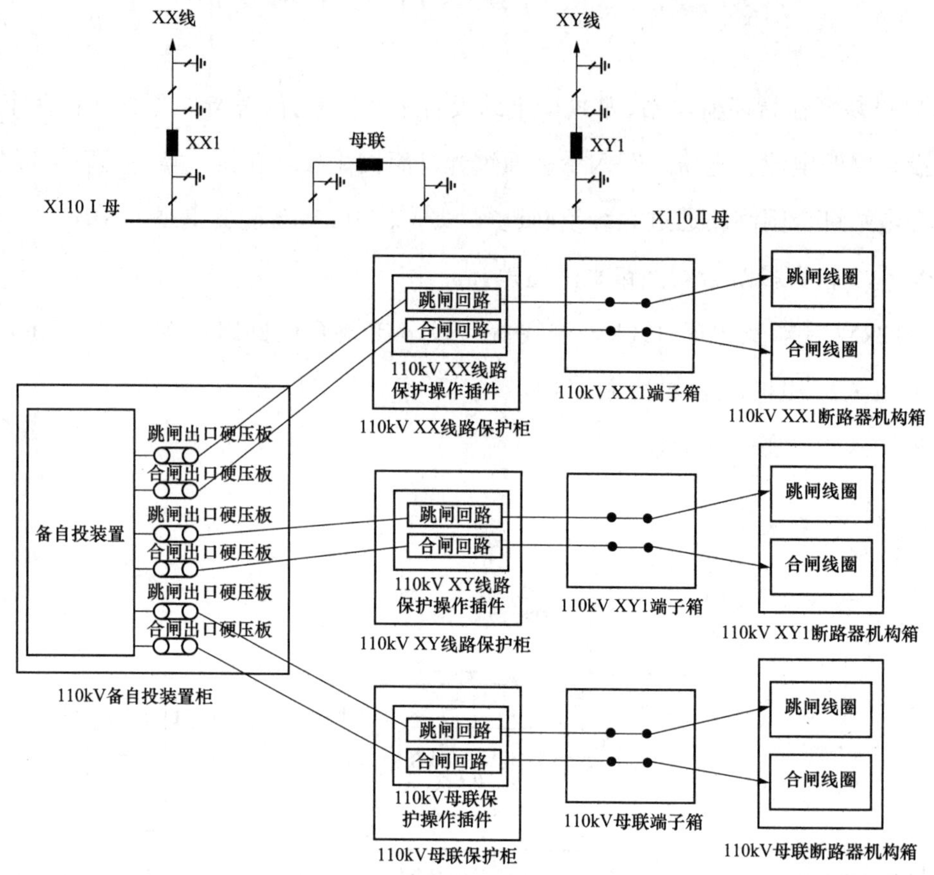

图 6-21　某 110kV 常规变电站进线备自投装置跳合闸回路

第八节　智能变电站保护运维注意事项

1. 掌握保护装置的跳闸方式

保护装置的跳闸回路分光纤直跳、光纤网跳。线路保护、主变压器差动保护、母线（失灵）保护、断路器保护、母联保护跳各支路开关使用的是光纤直跳，即光纤点对点连接；主变压器后备保护跳母联、备自投装置跳断路器等使用的光纤网跳，即保护装置跳闸通过本间隔交换机—中心交换机—目标间隔交换机中转后进行，涉及的光纤链路比较多。使用光纤直跳的链路查清对应的光纤即可；使用光纤直跳的链路需要一一查清，并进行传动，以便在运维中可以迅速判定故

障的性质、影响范围。

2. 掌握好保护装置及对应的智能（合智一体）单元的压板

（1）掌握特殊压板的作用。

保护装置有远方控制压板硬压板，此时需要投入此压板和保护装置本身的远方控制压板软压板，才能在监控系统进行其他软压板的操作。

智能变电站还有一些特殊的软压板，如XX1间隔投入的含义接收电流、电压采样值，不投接收不到；“电流MU投入”控制电流是否参与保护计算和异常自检等，更能保证运维中的正确操作。

（2）掌握好检修压板的配合。

正常运行时保护装置、智能终端、合并单元检修压板应置于退出位置。智能控制柜智能终端检修压板、合并单元检修压板与保护装置上的检修压板需对应，其对应关系见表6-2。

表6-2　保护装置、合并单元、智能终端的检修压板逻辑关系

保护装置	0	1	0	1
智能终端	0	0	1	1
合并单元	0	0	1	1
采样	1	0	0	1
遥控	1	0	0	1
保护出口	1	0	0	1

注：1表示投入、有；0表示退出、无。

3. 高度重视国调中心和上级运维部门下发的智能变电站保护装置、智能装置合格批次和家族性缺陷

智能变电站的相关保护、智能设备在2012年后大规模进入电网，设计及运维没有经历较长时间的考验，存在相对多的家族性缺陷。要重视国调中心和上级运维部门下发的关于智能变电站方面的家族性缺陷以确保保护、智能设备健康运行。

在新上智能变电站或新上智能设备间隔时，软、硬件版本均应进行核对，要严

格执行国调中心下发的智能变电站保护装置、智能装置合格批次，不合格的批次坚决不能投运。特别注意部分厂家的智能设备为应对检查，只是更改了面板型号和软件版本号，其硬件未进行改变，仍使用的未经检测合格的产品，给以后的运维埋下隐患。

第七章

站用交直流电源运维差异化分析

第一节　站用交直流电源配置的差异

1. 智能变电站站用交直流电源统一整合

智能变电站站用交直流电源采用一体化监控，整合将低压交流、直流、逆变、通信电源，使用 IEC 61850 协议，与站控层通信。

交流系统采用双电源自动切换开关（automatic transfer switch，ATS）双电源自动切换的交流接线方式。低压交流两端母线，每段通过 ATS 装置连接两个站用变压器的低压侧，不设低压母联开关。

直流系统采用辐射状供电，在 220、110kV 一次设备区布置直流分电柜，柜内布置有 48～64 条直流支路，起到优化网络、节约二次电缆的作用。取消了通信专用蓄电池组，与保护及综合自动化等设备共用蓄电池组；从直流母线两段上分别引出一条支路，进行 DC220/DC48 的转换后，作为通信直流电源。

2. 常规变电站站用交直流电源单独配置

常规变电站站用交直流电源的低压交流、直流、逆变、通信电源单独与站控层通信。直流系统一般采用辐射状供电，直流系统、直流通信系统有各自独立的蓄电池。交流系统一般采用两个站用变压器低压侧各带一段低压母线，通过低压母联开关切换交流接线方式。

第二节 低压交流系统运维差异化分析

在 500kV 及以上电压等级变电站低压交流系统中，一般配置 3 台站用变压器，2 台源自站内电源、1 台源自外接电源。在 220kV 及以下电压等级变电站低压交流系统中，一般配置 2 台站用变压器。若变电站投运 2 台及以上主变压器时，2 台站用变压器均源自站内电源。若变电站仅投运 1 台主变压器时，多采用 1 台站用变压器源自站内电源、1 台站用变压器源自外接电源；在部分 110、35kV 变电站内也有采用 1 台站用变压器源自主变压器中压侧母线、1 台站用变压器源自主变压器低压侧母线的接线方式。由于站用变压器源自的母线或外接电源不同，大部分的对应母线或外接电源之间没有联络开关，为避免电磁环网的冲击，运维中避免在低压交流系统中合环，因此低压交流系统倒换站用变压器的操作方式多为先断开低压母线的某一电源，再合上低压母线的另一电源。

智能变电站与常规变电站低压交流系统没有本质的差异，差异主要体现在交流系统的接线方式上。智能变电站低压交流系统多采用每段低压母线通过 ATS 装置接通 2 个站用变压器或多个站用变压器的接线方式，可以实现低压母线快速切换、某一站用电源失去自动切换至另一站用电源等功能，运行可靠性大为增加。常规变电站低压交流系统仍采用每段低压母线各接通 2 个或多个站用变压器、低压母线设置联络开关的接线方式。

1. 智能变电站低压交流系统接线

某 220kV 智能变电站低压交流系统接线图如 7-1 所示。低压交流系统每段母线通过 ATS 装置连接 2 个站用变压器的低压侧；ATS 装置能检测被监测电源（两路）工作状况，当被监测的电源发生故障（如任意一相断相、欠压、失压或频率出现偏差）时，控制器发出动作指令，开关本体则带着负载从一个电源自动转换至另一个电源。这种接线方式使低压交流系统可靠性有很大提高。

2. 常规变电站低压交流系统接线

某 220kV 常规变电站低压交流系统接线图如 7-2 所示。低压交流系统每段母线连接两个站用变压器的低压侧；每段母线倒换低压交流进线电源时，一般先断开 X 站用 1 低开关、X 站用低压母联开关（或 X 站用 2 低开关、X 站用低压母联开关），再合上另一个进线电源开关。在切换过程中，操作项目比较多，耗时较长。

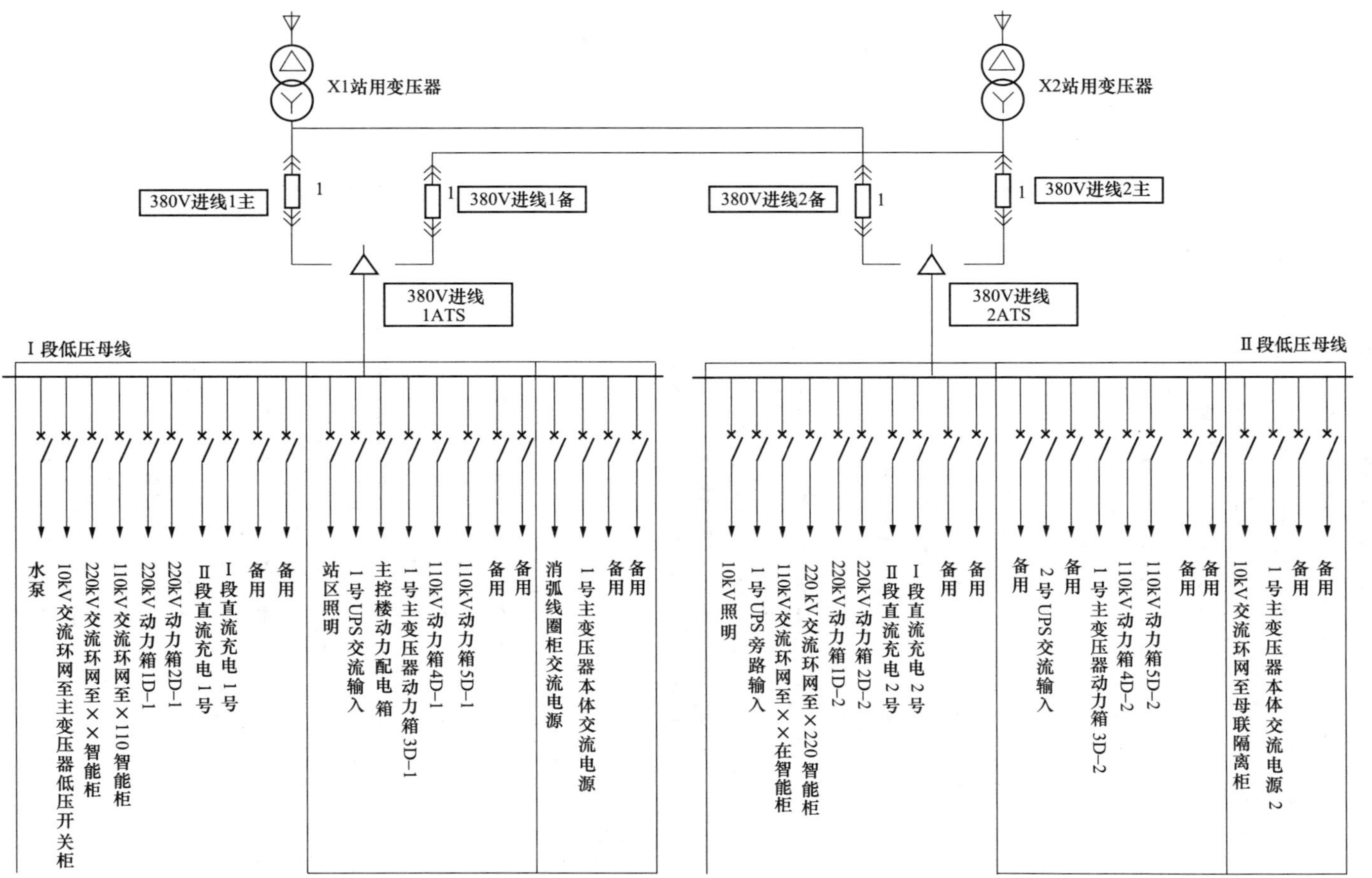

图 7-1　某智能变电站低压交流系统接线图

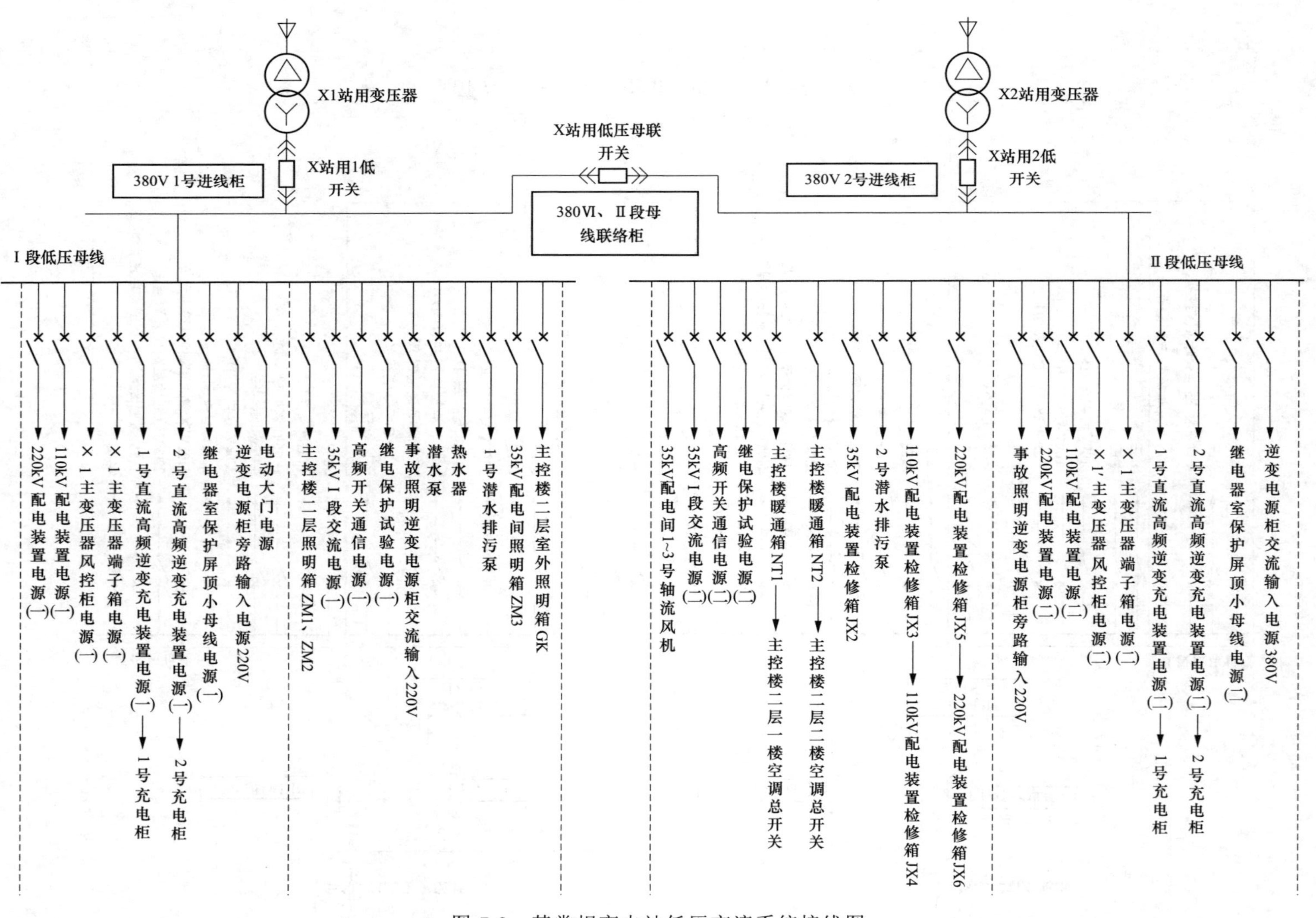

图 7-2 某常规变电站低压交流系统接线图

3. 智能变电站低压交流系统运维注意事项

（1）由于智能变电站低压交流系统多采用 ATS 装置，ATS 装置设置有主路、旁路供电，运维中，可能由于运维习惯、ATS 检测装置故障、线路故障冲击等各种原因，从而使低压母线源自不同的站用变压器。因此，要重视同时接在两段低压交流母线的交流环路，不要将开环点设置在室外或在进行此类环路故障处理、检修时，均要防止两段低压交流母线通过交流环路合环。

（2）运维中要熟练掌握 ATS 装置的操作方法及故障处理，掌握手动操作低压母线进线电源开关的方法，防止在 ATS 装置故障时，无法顺利进行低压母线电源的倒换。

第三节　直流系统运维差异化分析

智能变电站与常规变电站直流系统没有本质的差异，直流系统的接线方式也没有差异。主要差异在于智能变电站使用直流分电柜、不再设置独立的通信用蓄电池。智能变电站直流系统需要对智能终端、合并单元、合智一体单元现场供电，导致直流支路大为增加，从直流馈电柜上引出支路会导致馈电柜增加且不经济，因此，采用在设备区现场设置直流分电柜。由于直流转换技术的成熟、设计理念的发展、直流系统的可靠运行，不再使用通信用充电柜来进行整流转换、不再设置通信用蓄电池，直接从直流系统上引出支路，进行 DC 220V/DC 48V 的转换，节省了很多通信部分电源投资及投运后的运维。

一、智能变电站的直流分电柜

直流分电柜一般随智能控制柜布置在现场，根据对应电压等级支路的多少，设置 1～N 个直流分电柜。直流分电柜有两段直流小母线，电源取自不同的直流系统母线，这两段直流小母线之间设置有联络开关；直流分电柜内设置有绝缘监察装置，能向直流系统监控装置报具体的直流小母线的接地支路。

某 220kV 电压等级的直流分电柜如图 7-3 所示。直流分电柜内两段母线的电源分别来自于直流系统 I 段、II 段，在分电柜内设置有联络开关，在两段母线上连接有绝缘监察装置。如直流分电柜 I 段母线、II 段母线均有 220kV CX2 智能控制柜支路，直流分电柜Ⅰ段母线的此支路给 220kV CX2 智能控制柜的第一套智能终端、第一套合并单元供电，直流分电柜Ⅱ段母线的支路给 220kV CX2 智能控制柜的第二套智能终端、第二套合并单元供电。

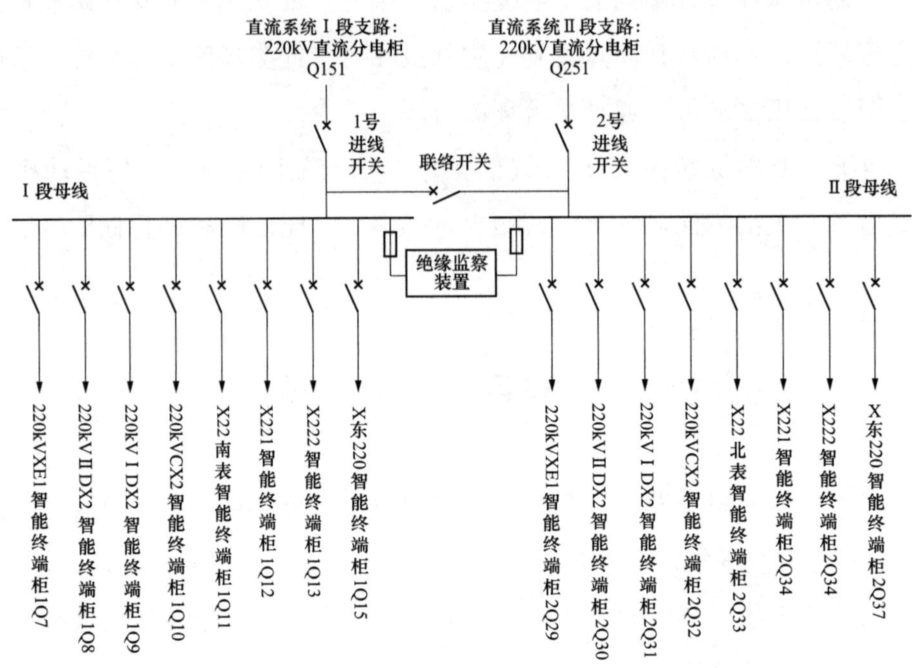

图 7-3　某 220kV 电压等级的直流分电柜

在发生直流接地时，直流系统的监控装置报出直流母线的接地支路和直流分电柜内的支路，通过监控装置报给一体化监控装置，通过站控层网络上送至监控系统。如某 220kV 直流分电柜Ⅰ段 07 支路（220kV XE1 智能控制柜 1Q7）接地，直流系统监控装置、一体化监控装置、监控系统报：直流Ⅰ段直流母线绝缘降低、本机第 51 号支路接地、一段分机 01 第 07 支路接地。这样，如发生直流分电柜内的接地，就可以通过查看报文，迅速判断出具体的接地支路，然后进行故障处理。

二、通信电源采用 DC 220V/DC 48V 转换

通信电源从直流Ⅰ段母线、直流Ⅱ段母线上分别引出一个支路，给 1 号通信电源柜、2 号通信电源柜供电，1 号通信电源柜、2 号通信电源柜各通过 N 个（$N>1$）DC 220/DC 48 整流模块转换，将直流电源从 220V 转换为 48V，输出至 48V 直流小母线。1 号通信电源柜、2 号通信电源柜的 48V 直流小母线各引出一个支路至通信

装置，如图 7-4 所示。

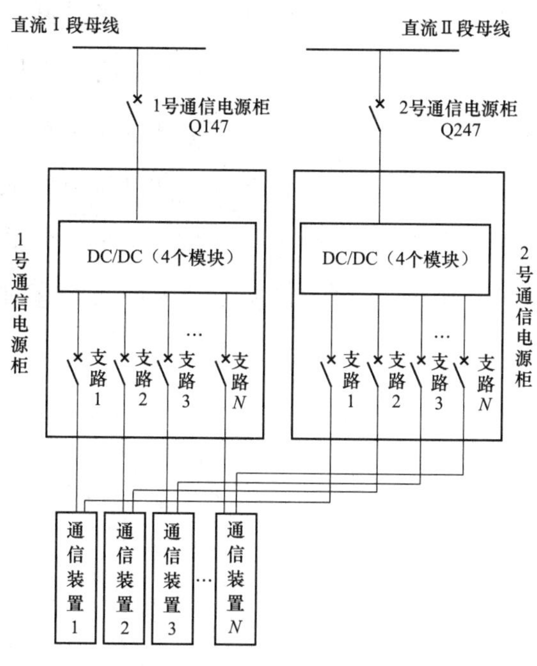

图 7-4　通信电源连接示意图

三、智能变电站直流系统运维注意事项

（1）根据智能变电站的特点，检查直流电流双重化配置正确并与保护一致，主要有智能终端、合并单元、合智一体单元、保护装置及线路保护通道对应的通信电源、过程层交换机电源，尤其是过程层交换机电源和保护通道设计的电源很容易被忽略。在检查过程层交换机电源和保护通道设计的电源时，不仅要检查其双电源切换正常，还要检查其电源与对应二次设备电源一致。

（2）直流分电柜内布置的有监控装置、绝缘监察装置，同样对运行环境有很高的要求。在运维中，要等同智能控制柜进行配置和维护，直流分电柜需要配置空调，定期维护、防止冷凝水、防止柜内温度过高、过低。

第四节　站用交直流电源运维注意事项

低压交流系统、直流系统均有对应的监控装置，且各系统对应支路大为增加，涵盖低压交流系统、直流系统的电压、各支路断路器的位置及状态等，上送的数据比较多，通过各监控装置上送至一体化监控装置，再通过站控层网络上送至监控系统；远动装置并对此类信号进行合并，上送至监控中心。对监控中心上传的信号进行合并时，应结合实际情况，对重要的报文“如直流充电柜的交流进线断路器跳闸等”单独上送，防止遗漏重要的报文，造成站用交直流电源故障的处理延误。在运维中，应及时处理站用交直流电源的异常，此类异常不及时处理，监控中心对应的站用交直流电源合并信号一直报异常，容易使监控中心和运维班忽视新出现的异常报文，影响站用交直流电源的安全运维。

第八章

智能变电站顺序控制操作

顺序控制是智能变电站独有的功能。电气设备顺序控制是指通过综合自动化系统的单个操作命令，根据预先规定的操作逻辑和“五防”闭锁规则，自动按规则完成一系列断路器和隔离开关的操作，最终改变系统运行状态的过程，从而实现变电站电气设备从运行、热备用、冷备用、检修等各种状态的自动转换。

第一节 智能变电站顺序控制操作与常规变电站操作差异化分析

顺序控制操作一般仅进行典型的某间隔停止运行、解除备用，做安全措施的分步操作或连续操作，以及与其对应的恢复送电操作的分步操作或连续操作。遇到如隔离开关做安全措施、倒母线、母线检修等大型或特殊操作时，则需要采用常规操作。某智能变电站的典型顺序控制操作票如下：

操作项目：220kV ××2 开关解除备用。

（1）检查××2 三相确已断开（人工操作）；

（2）拉开××2 甲；

（3）检查××2 甲三相确已拉开（人工操作）；

（4）拉开××2 北；

（5）检查××2 北三相确已拉开（人工操作）；

（6）检查××2 南三相确已拉开（人工操作）；

(7)检查×220kV 第一套母线保护柜隔离开关位置指示正确并确认(人工操作);

(8)检查×220kV 第二套母线保护柜隔离开关位置指示正确并确认(人工操作);

(9)退出×220kV 第一套母线保护××2 失灵软压板;

(10)退出×220kV 第二套母线保护××2 失灵开入软压板;

(11)退出××线第一套保护启失灵出口软压板;

(12)退出××线第二套保护开关失灵软压板;

(13)退出×220kV 第一套母线保护××2 间隔投入软压板;

(14)退出×220kV 第二套母线保护××2 MU 软压板;

(15)全面检查操作项目无误(人工操作)。

顺序控制操作包含软压板的操作,而软压板的投退是“五防”逻辑无法判断的,所以存在很大的操作风险。因此,在编制、审核、使用顺序控制操作票时,要加强对软压板的重视,确保投退正确。

第二节 智能变电站顺序控制操作“五防”逻辑

顺序控制操作在监控主机上进行,不判断站控层“五防”逻辑或者外置“五防”逻辑,判断的是间隔“五防”逻辑。

在 220kV 及以上电压等级上,间隔“五防”一般安装在测控装置上;在 110kV 及以下电压等级上,间隔“五防”一般安装在保测装置上。间隔“五防”的逻辑与站控层“五防”的逻辑基本一致,应按照对站控层逻辑的验证方法对间隔“五防”的逻辑进行验证;在验证时,不仅要验证正向操作,也要验证反向操作,即错误的步骤不能执行;并进行实际设备验证。

在设备投运后,其间隔“五防”也应同步投运。这样进行顺序控制操作时,一次设备操作有对应的间隔“五防”逻辑,可靠保证不会出现一次设备误操作。

第三节 智能变电站顺序控制操作方法

顺序控制操作节奏比较快,在操作前,操作人、监护人要再次熟悉好操作票和具体设备,跟上操作步骤,防止出错。

在进行顺序控制操作时，现场、监控主机上均需有人，操作人、监护人要合理分配位置，一般来说操作人在监控主机上执行顺序控制操作票，监护人在现场在现场核查设备实际位置，并再次明确监控主机操作人员（操作人）应听从现场人员（监护人）指令。

在操作时，两人均应携带对讲机和顺序控制操作票，在操作开始时监控主机操作人员大声唱票，在得到现场人员许可后，方可进行；现场人员要认真检查设备动作情况，遇设备异常时，监控主机操作人员应听从现场人员指令，果断中止，再进行处理；同样，监控主机操作人员发现设备遥信未及时变位，要先中止操作，然后向现场人员（监护人）汇报，再进行处理。

第四节 智能变电站顺序控制操作运维注意事项

（1）进行智能变电站顺序控制操作必须启用间隔“五防”，若间隔“五防”未验收、未投运或功能不全，不能进行智能变电站顺序控制操作。在智能变电站投运前，应按照外置“五防”或一体化“五防”的要求对间隔“五防”进行验收，确保功能全面、可靠；在新上间隔投运前，除了做好新上间隔“五防”验收外，还应做好新上间隔与在建间隔“五防”的配合并验收。

（2）在变电运维中，会出现典型倒闸操作票修订、特殊的运维要求等情况，顺序控制操作票会发生变化。此时，协调监控系统厂家到现场修改费时费力，需要运维人员部分掌握部分顺序控制操作票的修改方法，能简单修改一些操作术语的顺序、软压板的增加减少等，以提高顺序控制操作票的应用效率。

第九章

智能变电站与常规变电站辅助设施差异化分析

第一节 辅助设施配置差异化分析

智能变电站辅助设施配置的功能比较多且高度集成，其与常规变电站配置的差异见表 9-1。

表 9-1 智能变电站与常规变电站在变电站辅助设施上配置的差异

组成	智能变电站	常规变电站
辅助控制系统	有	无
火灾自动报警系统	接入监控主机、辅助控制系统	接入监控主机
安全防范系统	接入监控主机、辅助控制系统	接入监控主机
视频监控系统	接入辅助控制系统	独立
环境监控系统	有	无
智能门禁系统	有	无
设备室温度监测系统	有	无
照明控制系统	有	无

智能变电站具有独立的辅助控制系统，整合了变电站的火灾自动报警系统、安全防范系统、视频综合自动化系统、环境综合自动化系统、智能门禁系统、附属设施温度监测系统、照明控制系统等各项子系统交流，对变电站视频信息、安全警卫信息、运行环境信息及各种事件进行一体化综合展示，同时可以将辅助信息可通过

以太网通道或 2M 远动通道上传主站系统，使远方基地站实现对无人值班变电站的辅助设施全方位监控。

第二节　辅助设施控制差异化分析

一、智能变电站辅助设施的控制

智能变电站辅助控制系统不仅接收视频监控系统、火灾自动报警系统等各子系统的信息，还能对各子系统发送控制指令，其示意图如图 9-1 所示。

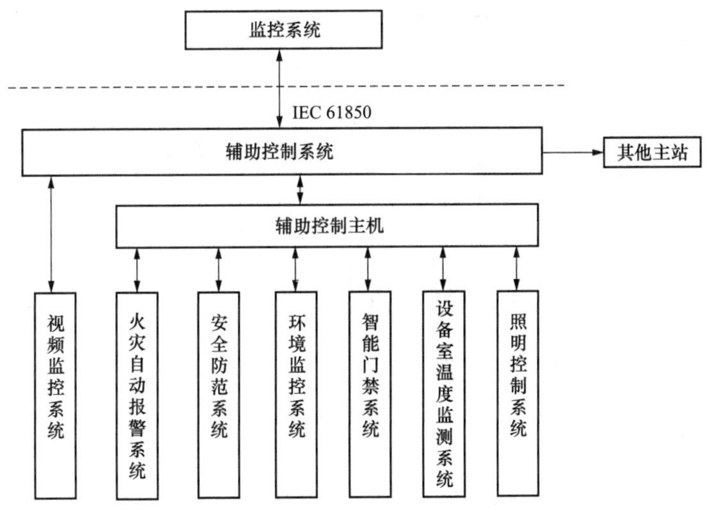

图 9-1　智能变电站辅助控制示意图

安全防范系统报警，运维班可以通过以太网通道或 2M 远动通道打开站端的辅助控制系统，查看具体的报警位置，并结合视频监控系统查看有无人员入侵，并进行对应处置；若为误报信号，可以远控复归安全防范系统。夏季运维班通过查看站端的辅助控制系统，检查设备室温度，若发现温度偏高，远程打开空调或风机。火灾自动报警系统有异常报警，运维班远程打开站端的辅助系统查看报警的位置，利用照明控制系统打开站端的照明，查看站端的视频监控系统确认有无异常，若有异常，及时汇报调控中心断开对应断路器，将故障点隔离，在室内的情况下，远程打开风机进行通风，为下一步的处理做好准备。智能变电站的辅助控制系统是一种双向的系统，提高了处于基地站的运维班人员对相关变电站的掌控能力。

二、常规变电站辅助设施的控制

常规变电站辅助设施没有控制功能，仅接收火灾自动报警系统、安全防范系统的报文（火灾报警装置动作、复归，火灾报警装置故障动作、复归，安全防范系统动作、复归，安全防范装置故障、复归）。火灾自动报警装置、安全防范装置通过二次电缆连接到公用测控装置，通过站控层将相关遥信报送到监控系统。监控系统是独立的，需要查看时，可以在连接到办公网的管理机上查看或者在站端的视频监控柜查看。其他智能变电站配置的子系统如环境监控系统、智能门禁系统等，常规变电站很少配置。常规变电站辅助控制其示意图如图 9-2 所示。

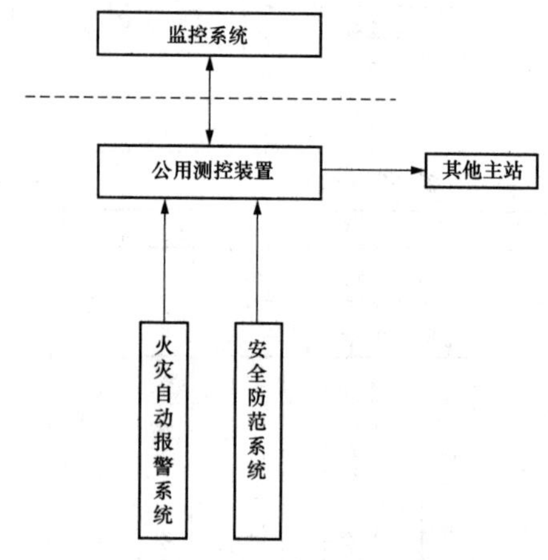

图 9-2　常规变电站辅助控制示意图

三、智能变电站辅助设施运维注意事项

（1）智能变电站的辅助控制系统及各子系统较多，投运后运维难度较大，各单位应重视对辅助控制系统的运维，明确责任人，划拨费用，及时维护，确保辅助控制系统可靠运行。

（2）各运维单位应掌握辅助控制系统简单的维护，如设置门禁密码、更换简单的配件、安全防护系统的布防等，切实提高辅助控制系统的应用水平。

第十章

智能变电站新技术应用

第一节　隔离断路器

一、隔离断路器的概念

隔离式断路器实现了隔离开关、互感器、断路器的一体化制造，通过一、二次设备高度集成，取代常规的敞开式断路器、电流互感器、电压互感器和隔离开关，实现了新的功能组合。

隔离断路器是具有隔离开关功能的断路器，即当触头在分闸位置时，可以实现隔离开关的功能。隔离断路器具有可靠的电气闭锁和机械闭锁，隔离断路器有合闸位置、分闸位置、隔离闭锁位置 3 个运行位置，只有当隔离断路器闭锁在分闸位置时，方可进行接地开关的合闸操作。

隔离断路器需要与电子式电流互感器、电子式电压互感器或电子式组合互感器相配合，所以隔离断路器仅在智能变电站中使用。

二、采用隔离断路器与一次设备常规配置的差异

目前在 220kV 智能变电站和 110kV 智能变电站中，少量使用隔离断路器，采用隔离断路器与一次设备常规配置的 220kV 线路间隔、110kV 线路间隔的接线图分别如图 10-1、图 10-2 所示。

图 10-1（a）中隔离断路器集成了图 10-1（b）图中的断路器、电流互感器、线路侧隔离开关、线路抽压电压互感器，图 10-1（a）中隔离断路器组件由隔离断路器、闭锁装置、接地开关、电子式组合互感器、智能化组件组成。

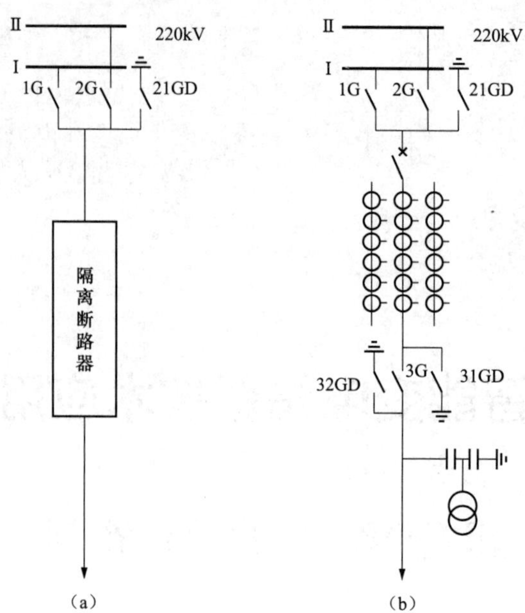

图 10-1　采用隔离断路器与一次设备常规配置的 220kV 线路间隔主接线图

（a）某采用隔离断路器的 220kV 出线间隔；（b）某一次设备常规配置的 220kV 出线间隔

图 10-2（a）中隔离断路器集成了图 10-2（b）图中的断路器、电流互感器、母线侧隔离开关、线路侧隔离开关，图 10-2（a）中隔离断路器组件由隔离断路器、闭锁装置、接地开关、电子式电流互感器、智能化组件组成。

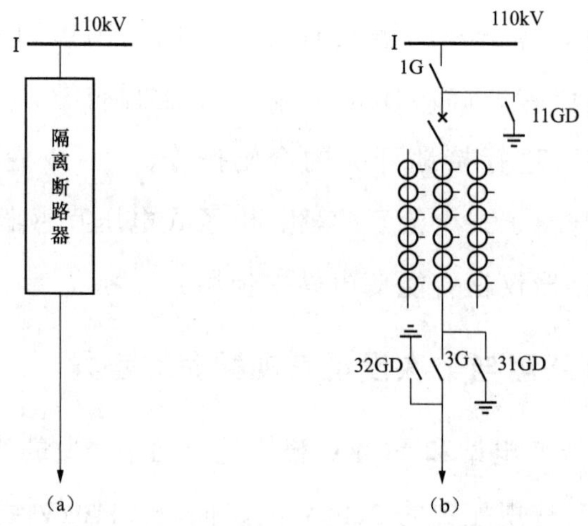

图 10-2　采用隔离断路器与一次设备常规配置的 110kV 线路间隔主接线图

（a）某采用隔离断路器的 110kV 出线间隔；（b）某一次设备常规配置的 110kV 出线间隔

从图 10-1、图 10-2 可以看出，隔离断路器的采用，减少了设备用量及相关的设备运维工作量（尤其是隔离开关的用量及运维工作量）、减小了设备占地面积。

三、隔离断路器的发展前景

隔离断路器具有优化接线方式的设计、减少设备用量及设备运维成本、减小变电站占地面积、节约成本等诸多优势，具有很大的发展前景。在隔离断路器元件集成设计、运维中，应结合变电站的实际，灵活组合，如 110kV 线路间隔设计为母线隔离开关＋隔离断路器的组成等方式，还可部分间隔采用隔离断路器，从而促进隔离断路器的进一步发展。

第二节　保护就地化

一、保护就地化的概念

保护就地化是指就地化安装的继电保护装置应靠近被保护设备，减少与互感器（合并单元）及断路器的操动机构（智能终端）的连接电缆（光缆）长度。对于户外安装的继电保护装置，可就地安装于智能控制柜内或柜体外；对于户内气体绝缘金属封闭开关设备（gas insulated metal enclosed switchgear and controlgear，GIS）的继电保护装置，宜就地安装于 GIS 汇控柜内或柜体外。保护就地化体现在保护模块更小，环境适应能力更强，无显示屏及操作按钮、键盘；保护模块通过光纤接入继电保护室内的智能管理单元，通过智能管理单元进行数据管理。保护就地化主要针对的是 110kV 及以上电压等级智能变电站，将继电保护装置安装于就地，简化保护装置的对应接线。

10、35kV 等电压等级智能变电站，在使用开关柜设备时，其继电保护装置随开关柜安装在现场，这种方式也是一种保护就地化方式，但与本节所提出的保护就地化不同。

二、采用保护就地化的智能变电站与一般智能变电站的差异

目前保护就地化仍处于初始阶段，仅在极少部分智能变电站中使用。采用保护就地化的智能变电站 220kV 出线间隔与一般智能变电站 220kV 出线间隔元件联系图如图 10-3 所示。

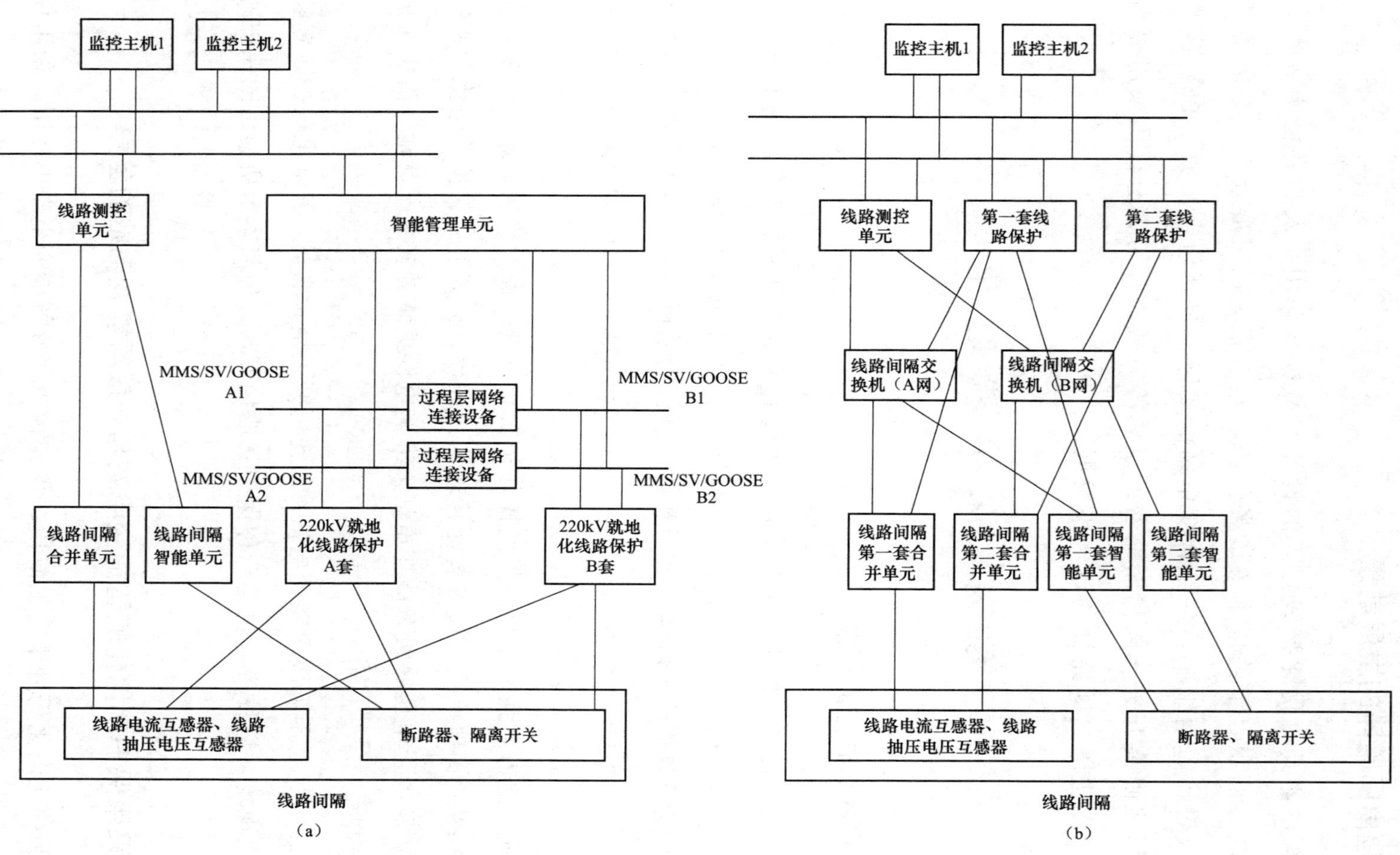

图 10-3　采用保护就地化的智能变电站 220kV 出线间隔与一般智能变电站 220kV 出线间隔元件联系图

（a）采用保护就地化的智能变电站 220kV 出线间隔；（b）一般智能变电站 220kV 出线间隔

从图 10-3 可以看出，采用保护就地化后，保护装置至一次设备之间的联系减少了合并单元、智能终端及相关的光纤连接，保护装置与测控装置不再有网络上的联系，从而使保护装置可靠性、速动性有个很大的提升。

三、保护就地化的发展前景

正是由于保护就地化后，能可靠地提高继电保护的可靠性、速动性，提高工作现场的安全性、提高保护装置的安装检修效率，以保护就地化为特征的第三代智能变电站继电保护技术具有很大的发展前景。

参 考 文 献

[1] 宋庭会. 智能变电站运行与维护 [M]. 北京：中国电力出版社，2013.

[2] 陈安伟. 智能变电站继电保护技术问答 [M]. 北京：中国电力出版社，2014.

[3] 曹团结，黄国方. 智能变电站继电保护技术与应用 [M]. 北京：中国电力出版社，2013.

[4] 瞿绪龙. 集成式智能隔离断路器的应用分析 [J]. 电气开关，2016，54（6）：80-82，86.

[5] 李东，尚光伟，张海栋. 如何做好220kV智能化变电站生产准备工作 [J]. 电气应用，2015，(S1)：390-393、401.

[6] 吴蕾，刘伟. 智能变电站断路器失灵保护实现方式研究 [J]. 中国新技术新产品，2015，24：17.